土建类专业产教融合创新教材

建筑施工测量放线

袁影辉 主编

附实训
工作页

化学工业出版社

·北京·

内 容 简 介

为了推进职业教育"三教"改革，增强职业教育适应性，根据《工程测量标准》（GB 50026）编写了本书。本书为主教材+工作页的活页式教材，同时书中以二维码的形式配套了视频微课、习题训练等教学资源。全书以学习项目为基本教学单元，包含绪论和五个项目：绪论主要介绍了施工测量的基础知识；项目一主要介绍了施工员在施工测量放线中使用的基本仪器；项目二围绕控制测量的基础知识介绍了坐标计算、平面控制测量和高程控制测量；项目三主要介绍了测设的三大基本工作以及点的平面位置测设；项目四围绕建筑物施工测量放线介绍了民用建筑、装配式工业建筑、高层建筑、曲线型建筑的放线，同时介绍了智能机器人放样和RTK系统的知识；项目五介绍了建筑物变形观测及竣工测量，同时介绍了三维激光扫描的知识。

党的二十大报告提出："培育创新文化，弘扬科学家精神，涵养优良学风，营造创新氛围"。本书在编写过程中融入测量行业的智能发展，同时弘扬天眼之父南仁东的工匠精神，提升学生的民族自豪感和创新意识。

为了提高学生的动手能力，配有《建筑施工测量放线实训工作页》（另册），以利于学生学习、实践和解决建筑工程中的实际问题。

本书可作为高等职业院校和应用型本科土建施工类、建设工程管理类等建筑类相关专业的教学用书，也可以作为住房和城乡建设领域施工现场专业人员继续教育和培训的教材，还可以作为"1+X"建筑工程施工工艺实施与管理职业技能等级培训用书。

图书在版编目（CIP）数据

建筑施工测量放线/袁影辉主编.—北京：化学
工业出版社，2023.7
ISBN 978-7-122-43327-5

Ⅰ．①建…　Ⅱ．①袁…　Ⅲ．①建筑测量-
高等学校-教材　Ⅳ．①TU198

中国国家版本馆CIP数据核字（2023）第068739号

责任编辑：李仙华　　　　　　　　　　　　　文字编辑：徐照阳　王　硕
责任校对：李雨晴　　　　　　　　　　　　　装帧设计：史利平

出版发行：化学工业出版社（北京市东城区青年湖南街13号　邮政编码100011）
印　　装：中煤（北京）印务有限公司
787mm×1092mm　1/16　印张17¾　字数433千字　2024年1月北京第1版第1次印刷

购书咨询：010-64518888　　　　　　　　　　售后服务：010-64518899
网　　址：http://www.cip.com.cn
凡购买本书，如有缺损质量问题，本社销售中心负责调换。

定　　价：49.80元

编写人员名单

主　编　袁影辉（河北工业职业技术大学）

副主编　全国芸（河北工业职业技术大学）
　　　　刘　芳（河北工业职业技术大学）
　　　　梁　磊（河北地质大学华信学院）
　　　　唐立新（河北石油职业技术大学）

参　编（按姓氏拼音排序）
　　　　安　柱（南方测绘石家庄分公司）
　　　　曹　宽（河北工业职业技术大学）
　　　　顾继仁（石家庄三建建业集团有限公司）
　　　　谷洪雁（河北工业职业技术大学）
　　　　韩宇轩（石家庄铁路职业技术学院）
　　　　李雪军（河北工业职业技术大学）
　　　　栗晓云（河北工业职业技术大学）
　　　　刘玉美（河北劳动关系职业学院）
　　　　王云龙（河北工业职业技术大学）
　　　　姚彦娜（河北工程技术学院）
　　　　张　瑶（河北工业职业技术大学）

主　审　张立宁（华北科技学院）

前　言

随着《国家职业教育改革实施方案》、"三教"改革等一系列政策的实施，为了适应高等职业教育培养高级技能型人才的需求，深化课程体系和教学内容，顺应高职教育教学模式的转变，我们在教学内容和形式上进行了改革和创新，基于施工测量关键工作岗位编写了《建筑施工测量放线》。

本书以培养建筑施工测量职业能力和职业素质为主要目的，对施工测量放线基本理论的讲授以应用为目的，教材内容以"必需、够用"为原则，注重反映测量仪器构造和施工放线操作技能。以"快速适应施工员（测量员）岗位"为导向、以"动手能力培养"为主线、以"解决施工放线实际问题"为目标，坚持以"团队合作、吃苦耐劳的职业素质培养"为中心，以"测量职业技能训练"为重点，以"教、学、做一体"为特色，以"真实的工作任务或工程项目"构建岗位工作任务。

本教材内容以学习项目为基本教学单元，将测量仪器的操作、建筑物测设的基本方法作为组织学生课程学习的主要线索，以实际工程项目为载体，通过正确处理理论与实践、测量与测设等方面的相互关系，让学生熟悉测量仪器的基本知识，掌握建筑物定位与放线的测设方法，使学生逐步客观地认识到本课程的学习对提高专业理论知识和实践技能的重要性。同时将我国建筑行业测量新技术的发展，智能机器人放样、GPS、RTK系统等纳入教材内容；对接"1+X"职业技能证书，根据测量员岗位的职业素养和基础知识，统筹岗位任务，深化教学改革，突出教材的职业性和开放性。教材在编写过程中，以"立德树人"为根本任务，多维度融入思政元素，从精进不休、精金良玉、精益求精、精金百炼、精研致思五个方面将测量智能技术的发展、测量职业岗位应遵守的职业道德、应具备的工匠精神融入学科内容中，让学生在学习理论知识的同时，感受到国家的巨大进步，进一步提升学生的民族自豪感和家国情怀，体现了党的二十大"自信自强、守正创新、踔厉奋发、勇毅前行"的精神。

本书由河北工业职业技术大学袁影辉老师担任主编，河北工业职业技术大学全国芸老师、刘芳老师及河北地质大学华信学院梁磊老师、河北石油职业技术大学唐立新老师担任副主编。河北工程技术学院姚彦娜老师，河北劳动关系职业学院刘玉美老师，石家庄铁路职业技术学院韩宇轩老师，河北工业职业技术大学王云龙、李雪军、曹宽、张瑶、栗晓云老师，南方测绘石家庄分公司安柱经理，石家庄三建建业集团有限公司顾继仁经理也参加了编写。其中，绪论由梁磊、栗晓云老师编写，项目一由全国芸、刘芳、王云龙老师和安柱经理编写；项目二由梁磊、刘玉美、谷洪雁老师编写；项目三由刘芳、姚彦娜、李雪军老师编写；项目四由袁影辉、张瑶老师和顾继仁经理编写；项目五由唐立新、韩宇轩、曹宽老师编写。本书由华北科技学院张立宁教授主审。本书在编写过程中，还得到了河北省地理信息局李宝军同志的大力支持，在此表示感谢！

本书采用主教材+工作页的活页式教材形式，力求结构新颖，理论与实践相结合，部分项目任务已上传到"职教云"，增加学生岗位对接技能选择，重在培养学生自我提升能力。

本书配套有丰富的数字资源，包含视频、习题训练等，可通过扫描书中二维码获取。同时还提供电子课件，可登录网址www.cipedu.com.cn免费获取。

限于编者水平，书中难免有不足之处，敬请广大读者批评指正！

编　者
2023年6月

目 录

二维码资源目录

序号	内容	类型	页码
二维码4-3	民用建筑施工测量习题	PDF	89
二维码4-4	建筑物外控法	视频	90
二维码4-5	建筑物内控法	视频	90
二维码4-6	高层建筑施工测量习题	PDF	91
二维码4-7	装配式单层工业厂房施工测量习题	PDF	97
二维码4-8	曲线型建筑物施工测量习题	PDF	103
二维码4-9	智能机器人	视频	104
二维码4-10	创享RTK	视频	109
二维码4-11	精密施工测量习题	PDF	115
二维码5-1	建筑物沉降观测	视频	117
二维码5-2	建筑物的变形观测习题	PDF	125
二维码5-3	三维激光扫描介绍	视频	126
二维码5-4	三维激光扫描操作	视频	127
二维码5-5	建筑物的竣工测量习题	PDF	134

绪论

一、建筑工程测量的内容和任务

（一）测量学的概念和内容

测量学是确定地球形状和大小以及确定地面点位的科学。测量学的内容包括测定和测设两部分。

1. 测定

测定是指利用各种测量仪器和工具，通过实地测量和计算获得观测数据，利用地形图图式，把地球表面的地物和地貌按一定的比例尺缩绘成地形图，供国防、经济建设、规划设计和科学研究使用。测定也称测图。

2. 测设

测设是指把图纸上设计好的建筑物和构筑物的平面位置和高程标定于地面，作为施工的标志。测设通常又称为放线。

（二）建筑工程测量学的任务

建筑工程测量学是测量学的一个分支，它研究建筑工程勘察设计、施工和工程使用中的各种测量工作。建筑工程测量学的具体任务有以下三个方面。

1. 测绘大比例尺地形图

属于测量学的测定。大于1：10000的比例尺通常称为大比例尺。大比例尺地形图是工程建设中勘察设计的重要依据。

2. 建筑物的施工测量

属于测量学的测设。包括施工中的各种测量工作及竣工测量。

3. 建筑物的变形观测

对一些重要建筑物和构筑物，为保证施工和运营期间的安全，必须对建筑物的沉降、倾斜、裂缝等情况进行观测。

二、地面点位的确定

（一）点位

地面点位即地面上点的空间位置。确定地面点位是测量学的根本任务。地面点位需要三个量来描述，测量学中常用的量为高程平面直角坐标。

（二）测量的基准面和基准线

要描述地面点的高程，必须确定起算的基准面。要确定地面点的平面位置，必须以铅垂线为基准线。

1. 大地水准面

地球表面高低起伏变化非常大，有高达8848.86m的珠穆朗玛峰，也有深达10924m的马里亚纳海沟，但这与地球的半径6371km相比，还是很小的。地球表面海洋面积约占71%，陆地约占29%。因此人们设想一个完全处于静止和平衡状态、没有潮汐风浪的海洋表面，以及由它延伸穿过陆地并处处保持着与铅垂线正交这一特性而形成的封闭曲面，称为大地水准面。大地水准面只有一个。我国现行的"1985国家高程基准"水准原点在青岛，它以青岛验潮站1953—1979年的观测数据取平均，确定大地水准面在水准原点下72.260m处。

2. 水准面和水平面

地球上任意自由静止的水面称为水准面。水准面是与大地水准面平行的不规则椭球面，有无数个。

与水准面相切的平面称为水平面。

3. 铅垂线

在细线的下端悬吊一重物，上端固定，当它们静止时，细线的方向线即铅垂线。它是地球上物体重力的作用线。

（三）确定地面点位的方法

1. 地面点的高程

地面点到高程基准面的铅垂距离称为高程。高程按基准面的不同可分为绝对高程和相对高程两种，如图0-1所示。

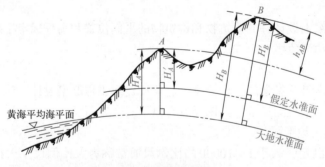

图0-1　高程和高差

（1）绝对高程　地面点到大地水准面的铅垂距离称为绝对高程。绝对高程通常又叫海拔，常用H表示。

（2）相对高程　地面点到任意水准面的铅垂距离称为相对高程。相对高程又叫假定高程，常用H'表示。

（3）高差　两地面点间的高程差称为高差，用h表示。图0-1中B点相对于A点的高差为

$$h_{AB}=H_B-H_A=H'_B-H'_A \tag{0-1}$$

由式（0-1）可知，不管是用绝对高程还是用相对高程计算高差，公式的形式完全一致。

显然，当$h_{AB}>0$时，表明B点高于A点，反之B点低于A点。当$h_{AB}=0$时，表明B点和A点的高程相等。

B点相对于A点的高差与A点相对于B点的高差绝对值相等，符号相反。即

$$h_{BA}=H_A-H_B=H'_A-H'_B=-h_{AB} \tag{0-2}$$

2. 地面点的平面位置

地面点在大地水准面上的投影位置可用地理坐标、高斯平面直角坐标或测量学平面直角坐标表示。地理坐标即地面点的经纬度。高斯平面直角坐标系是将地球按6°或3°经度划分为若干带，并以平面代替每一带的地表曲面建立的直角坐标系。建筑工程测量中一般不采用地理坐标和高斯平面直角坐标表示地面点的位置，因此本书只讲述测量学中的独立平面直角坐标。

当测区较小时，可用水平面代替大地水准面，用平面直角坐标表示点的平面位置，如图0-2。注意测量学

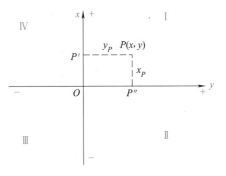

图0-2　独立平面直角坐标系

中的平面直角坐标系和数学中的平面直角坐标系有不同之处：一是坐标轴，测量学中纵轴为 x 轴，x 轴正向为正北方向，横轴为 y 轴，正向沿正东方向；二是测量学中象限的规定是顺时针的；三是测量学中对角度的定义，起始边为纵轴，顺时针方向为正。

三、用水平面代替水准面的限度

大地水准面是一个近似的椭球面，测量中用水平面代替大地水准面必然对距离、高程和水平角的测量产生影响。

（一）对水平距离的影响

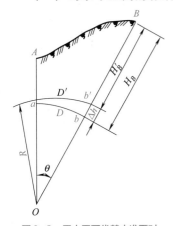

图0-3　用水平面代替水准面对
水平距离和高程的影响

如图0-3所示，a、b 分别是地面点 A、B 沿铅垂线在大地水准面上的投影点，如果用通过 a 点的水平面代替大地水准面，则 B 点在水平面上的投影点为 b'，显然，弧 ab 的长度 D 和直线 ab' 的长度 D' 之差，就是以水平面代替水准面对距离测量产生的误差，即

$$\Delta D=D'-D=R\tan\theta-R\theta=R(\tan\theta-\theta) \tag{0-3}$$

将 $\tan\theta$ 用级数展开，由于 θ 角很小，所以只取前两项代入式（0-3），由图0-3可知 $\theta=D/R$，故

$$\Delta D = \frac{D^3}{3R^2} \tag{0-4}$$

$$\frac{\Delta D}{D} = \frac{D^2}{3R^2} \tag{0-5}$$

取地球半径 $R=6371$km，并以不同的距离 D 代入式（0-5），经验算，当 $D=10$km 时，相对误差 $\Delta D/D<1/1200000$，对精密的距离测量，这样小的误差也是允许的。可见，对半径小于10km的小区域，可不考虑用水平面代替水准面对距离的影响。

（二）对高程的影响

图0-3中，H_B 为 B 点的绝对高程，H_B' 为用水平面代替大地水准面后 B 点的高程。可见，图中的 Δh 即为由此产生的误差。

$$(R+\Delta h)^2=R^2+D'^2 \tag{0-6}$$

对于半径小于10km的小区域，由于 D 和 D' 相差很小，且 $2R\gg\Delta h$，故式（0-6）变为

$$\Delta h = \frac{D^2}{2R} \tag{0-7}$$

以不同的距离代入式（0-7），可求出相应的高程误差，如表0-1所示。

表0-1 地球曲率对高程的影响

D/km	0.1	0.2	0.5	1	2	5	10
Δh/mm	0.8	3.1	20	78	314	1962	7848

可见，用水平面代替水准面，对高程的影响非常大。因此，高程测量中，即使很小的距离，也必须考虑地球曲率对高程的影响。

（三）对水平角的影响

由球面三角学可知，同一空间多边形在球面上投影的各内角和，比在平面上投影的各内角和大一个球面角超值 ε：

$$\varepsilon = \rho \frac{P}{R^2} \qquad (0\text{-}8)$$

式中　ε——球面角超值，(″)；

　　　P——地面多边形的面积，km²；

　　　R——地球半径，km；

　　　ρ——1弧度的角值，ρ=206265″。

以不同的面积代入式（0-8），可求出球面角超值，如表0-2所示。

表0-2 用水平面代替水准面的水平角误差

球面多边形面积/km²	10	50	100	300
球面角超值 ε/(″)	0.05	0.25	0.51	1.52

可见，当面积小于100km²时，用水平面代替水准面所产生的角度误差仅为0.51″，所以在一般的测量工作中，可以忽略不计。

四、测量工作概述

（一）测量的三项基本工作

由前述可知，测量工作的根本任务是确定地面点的空间位置，地面点位通常用直角坐标和高程来表示。在实际测量工作中，这三个量都是间接测定的。

如图0-4所示，设 A、B 两点的坐标已知，P 为待定点。只需测量出水平角 β 和水平距离 D_{AP}，即可计算 P 点的坐标。这说明，确定地面点坐标的主要工作是测量水平距离和测量水平角。

而对地面点高程的确定，则是根据已知点的高程和该点与待定高程点的高差实现的。

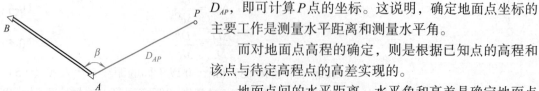

图0-4 平面直角坐标的确定

地面点间的水平距离、水平角和高差是确定地面点位的三个基本要素。对应地，测量的三项基本工作为：高差的测量、水平角测量和水平距离测量。

（二）测量工作的基本原则

1. 从整体到局部，先控制后碎部

在进行测量工作时，为了避免测量误差积累，应先在测区内选择若干点，通过精密测量和精确计算，计算出各点的坐标和高程，这种工作称为控制测量。然后再利用这些控制点进行测定或测设，以保证测量数据和测量成果具有较高的精度。

2. 边工作边校核

测量学中，通常将现场测量、收集数据的作业过程称为测量外业，因为这部分工作大多是在室外完成的，而将整理数据和计算成果的工作称为测量内业。测量工作中只有将外业和内业相结合，才能很好地完成测量任务。

测量工作是严谨的科学工作，必须认真对待。每一个观测数据，都要在现场认真检查、仔细核对，如观测数据有误或超过限差要求，必须立即重测，直到符合精度要求为止。只有当测站（仪器安置一次，称为一个测站）上的测量工作全部完成时，才能换站，以避免返工降低工作效率或对后续工作产生影响。

（三）施工测量安全管理

① 进入施工现场的人员必须戴好安全帽，系好帽带；按照作业要求正确穿戴个人防护用品，着装要整齐；在没有可靠安全防护设施的高处（2m以上）、悬崖或陡坡施工时必须系好安全带；高处作业时不得穿硬底和带钉易滑的鞋，不得向下投掷物体；严禁穿拖鞋、高跟鞋进入施工现场。

② 施工现场行走要注意安全，避让现场施工车辆，避免发生事故。

③ 施工现场不得攀登脚手架、井字架、龙门架、外用电梯，禁止乘坐非乘人的垂直运输设备上下。

④ 施工现场的各种安全设施、设备和警告、安全标志等未经领导同意不得任意拆除和随意挪动。确因测量通视要求等需要拆除安全网等安全设施的，要事先与总包方相关部门协商，并及时予以恢复。

⑤ 在沟、槽、坑内作业必须经常检查沟、槽、坑壁的稳定情况；上下沟、槽、坑必须走坡道或梯子；严禁攀登固壁支撑；严禁直接从沟、槽、坑壁上挖洞攀登或跳下；间歇时，不得在槽、坑坡脚下休息。

⑥ 在基坑边沿进行架设仪器等作业时，必须系好安全带并挂在牢固可靠处。

⑦ 配合机械挖土作业时，严禁进入铲斗回转半径范围。

⑧ 进入现场作业面必须走人行梯道等安全通道，严禁利用模板支撑上下，不得在墙顶、独立梁及其他高处狭窄且无防护的模板面上行走。

⑨ 地上部分轴线投测采用内控法作业的，在内控点架设仪器时要注意上方洞口安全，防止洞口坠物，导致人员和仪器事故。

⑩ 施工现场发生伤亡事故时，必须立即报告领导、抢救伤员、保护现场。

⑪ 在进行基坑边坡位移观测作业时，必须佩戴安全带并挂在牢固位置，严禁在基坑坡内侧行走。

⑫ 在进行沉降观测点埋设作业前，应检查所使用的电气工具，如电线橡皮护套是否开裂、脱落等，检查合格后方可进行作业，操作时戴绝缘手套。

⑬ 观测作业时拆除的安全网等安全设施应及时恢复。

二维码0-1
测量误差的基本知识

二维码0-2　绪论习题

一

施工测量的基本仪器

知识目标

- 熟悉水准仪的构造与操作方法；
- 熟悉经纬仪的构造与操作方法；
- 熟悉钢尺的操作方法；
- 掌握全站仪的构造与操作方法。

技能目标

- 会进行高差测量；
- 能进行角度测量；
- 会进行距离测量；
- 能用全站仪进行测量。

素质目标

- 能够和同学及教学人员建立良好的合作关系；
- 树立团结、协作、共同进步的团队合作理念；
- 培养爱护测量仪器的职业素养；
- 培养自觉遵守法律、法规以及技术标准化的习惯。

项目导读

建筑工程的设计与施工以及地形图测绘过程中需要确定一系列地形与地物的空间位置及形状。而在建筑工程测量放线中，一般通过坐标、高程等测量参数确定点的空间位置，根据基本控制点的位置确定地形与地物的位置及形状。即点的坐标及高程测量是工程测量放线的基础。本项目主要介绍高程测量、角度测量、距离测量与全站坐标测量等点的测量的四个方面内容，内容融入到水准测量、角度测量、距离测量和全站仪的使用四个学习单元。通过本项目使学生熟悉点的测量的基本知识，掌握点测量的基本技能，能够对具体工程问题实现点的测量，为建筑施工测量放线奠定基础。

单元一　水准测量

测量地面上各点高程的工作，称为高程测量。根据使用的仪器和测量方法的不同，高程测量分为几何水准测量（简称水准测量）、三角高程测量、气压高程测量及流体静力水准测量和GPS高程测量等。其中，水准测量是精确测定地面点高程的一种主要方法，在国家控制测量、工程勘测及施工测量中被广泛采用。本单元主要介绍水准测量原理、仪器和高差观测及内业计算方法。

任务一　水准仪的认识与使用

一、水准测量的原理

水准测量的原理是：利用水准仪提供一条水平视线，借助于立在地面点上的水准标尺，直接测定地面上各点间的高差，然后根据测得的高差和一点的已知高程，推求其他未知高程点的高程。测定待测点高程的方法有两种：高差法和仪高法。本书只介绍高差法。

如图1-1所示，欲测定 A、B 两点间的高差 h_{AB}。施测时，可在 A、B 两点上分别竖立一根水准标尺（简称水准尺），并在 A、B 两点间安置水准仪，照准立在 A 点水准标尺，利用水准仪提供的水平视线读出标尺上的读数 a，再照准立在 B 点上的标尺，用水准仪的水平视线读出读数 b，则 B 点相对于 A 点的高差 h_{AB} 为：

$$h_{AB}=a-b \tag{1-1}$$

若 A 点的高程已知为 H_A，则 B 点的高程为：

$$H_B=H_A+h_{AB}=H_A+(a-b) \tag{1-2}$$

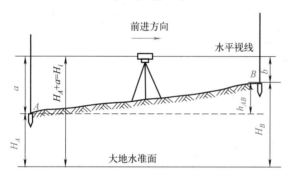

图1-1　水准测量原理

在此施测过程中，A 点为已知高程点，B 点为待测定高程的点，测量是由 A 点向 B 点进行的，则称 A 点为后视点，B 点为前视点；A 点的读数 a 称为后视读数，B 点的读数 b 称为前视读数。

可见，测定待定点与已知点之间的高差，就可以算出待定点的高程。用文字表述式（1-1），则为：B 点相对于 A 点的高差=后视读数–前视读数。

二、水准仪的构造及其使用

水准测量所使用的仪器为水准仪，工具有水准尺和尺垫。

（一）水准仪

为水准测量提供一条水平视线的仪器称为水准仪。水准仪的种类和型号很多，按仪器的精度分类，国产水准仪系列标准有 DS_{05}、DS_1、DS_3、DS_{10}、DS_{20} 等型号。"D"和"S"分别为"大地测量"和"水准仪"的汉语拼音的第一个字母；"3"表示用该类型仪器进行水准测量时，每公里往、返测得高差中数的偶然中误差值为±3mm，即："DS"右下角的数字表示各种水准仪的精度，数字越小，精度越高。

图1-2为国产的DS₃型微倾水准仪的外形，图1-2（a）及图1-2（b）分别表示它的两个侧面。它的构造主要由望远镜、水准器和基座三部分组成。

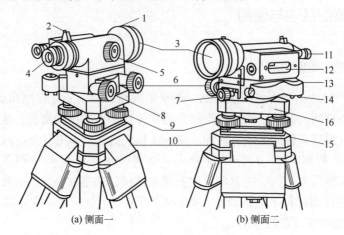

(a) 侧面一   (b) 侧面二

图1-2   DS₃型水准仪

1—准星；2—照门；3—物镜；4—目镜；5—物镜调焦螺旋；6—微动螺旋；7—制动螺旋；8—微倾螺旋；
9—脚螺旋；10—三脚架；11—符合水准器观察镜；12—管水准器；13—圆水准器；
14—圆水准器校正螺钉；15—三角形底板；16—轴座

1. 望远镜

望远镜是用来照准目标，提供水平视线并在水准尺上进行读数的装置。图1-3是DS₃型水准仪望远镜的构造图，它主要由物镜、物镜调焦螺旋（调焦也称作对光）、十字丝分划板、目镜和目镜调焦螺旋等部件组成。

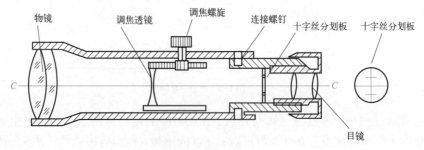

图1-3   望远镜构造

物镜和目镜多采用复合透镜组。物镜的作用是通过转动物镜调焦螺旋，和调焦透镜一起将远处的目标（如水准尺）在十字丝分划板平面上形成缩小而明亮的实像；目镜的作用是将物镜在十字丝分划板上所成的实像（如水准尺的影像）与十字丝一起放大成虚像。

十字丝分划板是一块刻有分划线的透明薄平板玻璃片。分划板上互相垂直的两条长丝，称为十字丝。纵丝亦称竖丝，横丝亦称中丝，上、下两条短丝称为视距丝，用于测量距离。操作时，利用十字丝交叉点和中丝瞄准目标、读取水准尺上的读数。

十字丝交点与物镜光心的连线，称为视准轴 CC（图1-3中的 $C—C$）。视准轴的延长线就是通过望远镜瞄准远处目标的视线。因此，当视准轴水平时，观测者通过十字丝交点看出去的视线就是水准测量原理中提到的水平视线。

2. 水准器

水准器是操作人员判断水准仪测量结果是否正确的重要部件。水准仪通常装有圆水准器和管水准器，圆水准器主要用来指示仪器竖轴是否竖直，管水准器主要用来指示视准轴是否水平。

（1）圆水准器 圆水准器又称水准盒，容器里面装有酒精和乙醚的混合液，如图1-4所示。其顶面内壁磨成球面，中央刻有小圆圈，其圆心为圆水准器零点。过零点的球面法线称为圆水准器轴，用$L'L'$表示。当气泡中心与零点重合时，表示气泡居中。此时，圆水准器轴处于铅垂位置。

（2）管水准器 管水准器又称水准管，它是一个内壁研磨成具有一定曲率的圆弧面而且两端封闭的玻璃管，如图1-5所示。

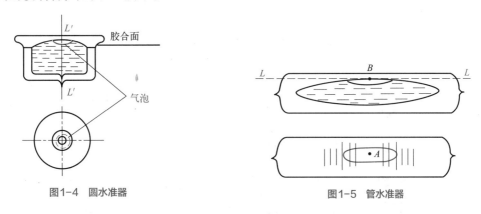

图1-4 圆水准器   图1-5 管水准器

过零点与水准管内表面相切的直线称为水准管轴，用LL表示，即图1-5中的$L—L$。当气泡的中心位于零点时，称为气泡居中。此时，水准管轴就处于水平位置。利用水准管轴LL与视准轴CC相互平行的位置关系可知，当水准管气泡居中时，视准轴就达到精确水平。因此，水平视线就是借助水准管气泡居中获得的。

水准管上2mm分划线之间的圆弧长所对的圆心角τ称为水准管分划值。分划值τ愈小，水准管的灵敏度就愈高，用来整平仪器的精度也就愈高。DS$_3$型微倾式水准仪的水准管分划值为20″/2mm。由于灵敏度高，因而用它来精确整置视准轴水平。

3. 基座

基座主要由轴座、三个脚螺旋、三角形压板和连接板组成。其作用是支承仪器的上部，即将仪器的竖轴插入轴座内旋转。脚螺旋用于调整圆水准器气泡居中。底板通过连接螺旋与下部三脚架连接。

（二）水准尺和尺垫

1. 水准尺

配合水准仪进行水准测量的标尺，称为水准尺。常用干燥的优质木料、玻璃钢、铝合金等材料制成。水准尺有双面水准尺和塔尺。

（1）塔尺 全长5m，由三节尺段套接而成，可以伸缩，如图1-6（a）所示。尺的底部从零起算，尺面为黑白格相间分划，分划格为1cm或0.5cm；每分米处加一注字，表示从零点到此刻划线的分米值。分米的准确位置：有的尺以字顶为准，有的尺以字底为准，使用时要注意认清分米的准确位置。在分米数值上方加的红点数表示米数，如7上方有一个点表示1.7m，3上方有三个点表示3.3m等。

（2）双面水准尺　双面水准尺又称板尺，如图1-6（b）所示。尺长为3m，尺的两面分划格均为1cm，在每一分米处注有两位数，表示从零点到此刻划线的分米值。一面为黑白格相间的分划，称为黑面尺。黑面尺尺底从零起算。另一面为红白格相间的分划，称为红面尺。红面尺尺底以4.687m或4.787m起算。也就是说，双面尺的红面与黑面尺底不是从同一数开始，一般相差4.687m或4.787m。通常将这样的两根水准尺组成一对使用。

2. 尺垫

尺垫一般用生铁铸成，如图1-7所示。在进行长距离的水准测量时，尺垫用作竖立水准尺和标志转点。尺垫中心部位凸起的圆顶，即为放置水准尺的转点。在土质松软地段进行水准测量时，要将三个尖脚牢固地踩入地下，然后将水准尺立于圆顶上。这样，尺子在此转动方向时，高程不会改变。

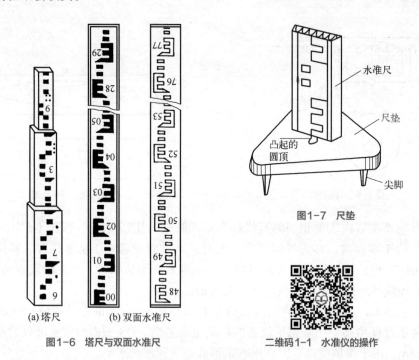

(a) 塔尺　(b) 双面水准尺

图1-6　塔尺与双面水准尺

图1-7　尺垫

二维码1-1　水准仪的操作

三、水准仪的使用

使用水准仪的基本操作程序为：安置仪器→粗略整平→调焦与照准→精平与读数等。

（一）安置仪器

打开三脚架并使其高度适中，用目估法使架头大致水平，检查三脚架是否安置牢固。然后打开仪器箱取出仪器，用连接螺旋将水准仪固连在三脚架头上。

（二）粗略整平（简称粗平）

粗平的目的是借助圆水准器的气泡居中，使仪器竖轴大致竖直，从而使视准轴粗略水平。利用脚螺旋使圆水准器气泡居中的操作步骤如图1-8所示，用两手按相对方向转动脚螺旋1和2，使气泡沿着1—2连线方向由a移至b，见图1-8（a）；再转动脚螺旋3，使气泡由b移至中心，见图1-8（b）。整平时气泡移动的方向与左手大拇指转动脚螺旋的方向一致。

（三）调焦与照准

（1）目镜调焦　用望远镜瞄准目标之前，先调节目镜调焦螺旋，使十字丝成像达到最清晰。

（2）概略瞄准水准尺　先松开制动螺旋，旋转望远镜，使望远镜筒上的照门（缺口）和准星的连线瞄准水准尺，再适度旋紧制动螺旋，使望远镜固定。

（3）物镜调焦　转动物镜调焦螺旋，使水准尺在望远镜内成像最清晰。

（4）精确照准　用十字丝竖丝照准水准尺边缘或用竖丝平分水准尺，以利于用横丝中央部分截取水准尺读数。若尺歪斜，指挥扶尺者扶正。

（5）消除视差　在物镜调焦后，当眼睛在靠近目镜端上下微微移动时，有时出现十字丝与目标相对运动，十字丝在水准尺上的读数也随之变动，这种现象称为视差。产生视差的原因是目标通过物镜所成的实像没有与十字丝平面重合。若有视差存在，将直接影响读数的精度，故必须加以消除。因此，做好调焦的标准是不仅目标成像清晰，而且要求必须成像在十字丝分划板平面上，如图1-9（a）所示，物像与十字丝分划板平面重合，没有视差现象。如果调焦不好，目标的影像未落在十字丝分划板平面上，如图1-9（b）所示，则有视差现象。

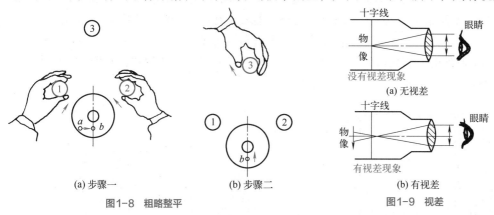

(a) 步骤一　　　　(b) 步骤二　　　　(a) 无视差

图1-8　粗略整平　　　　(b) 有视差

图1-9　视差

消除视差的方法是重新仔细进行物镜调焦，直到眼睛上下移动时读数不变为止。如果十字丝成像不清晰，则应该首先进行目镜调焦，使十字丝成像清晰，然后在十字丝成像清晰的基础上，再进行物镜调焦，直到使目标成像清晰、眼睛上下移动时读数不变为止。

（四）精平与读数

眼睛通过符合气泡观察窗观察水准管气泡，用右手缓慢而均匀地转动微倾螺旋，使符合水准器气泡两端的半像吻合，如图1-10（a）所示，从而使望远镜视准轴精确地处于水平位置，称为精平。图1-10（b）表示气泡还未居中，需仔细调整微倾螺旋。

当确认水准管气泡居中时，应立即读出十字丝中丝在尺上所截位置的读数（米、分米、厘米并估读毫米，共四位数）。读数前要首先弄清水准尺的分划与注记形式，读数时要按照从小到大数值增加方向读数。先估读毫米数，然后报出全部读数。如图1-11中，正确的读数为1.337m。

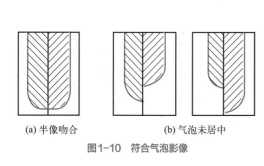

(a) 半像吻合　　　(b) 气泡未居中

图1-10　符合气泡影像

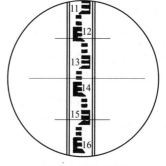

图1-11　水准尺读数

精平与读数虽然是两项不同的操作程序，但在水准测量的实施过程中，应该将两项操作视为一个整体，即一边观察气泡吻合，一边观测水准尺读数，当气泡吻合精平后立即读数。读数后还须再检查气泡是否仍吻合。若气泡不吻合，则应重新精平，重新读数。

四、自动安平水准仪

自动安平水准仪亦称补偿器水准仪，它的构造特点是没有水准管和微倾螺旋，而是利用自动安平补偿器代替水准管和微倾螺旋。使用时只要使圆水准器的气泡居中，在仪器粗平后，借助仪器内的补偿器即可读得视线水平时的尺上读数。因此，使用这种仪器，可大大缩短观测时间。另外，由于观测时间长，风力和温度变化等原因造成的视线不水平，也可以由"补偿器"迅速调整，得到视线水平时的尺上读数，从而提高观测精度。

自动安平水准仪的种类很多，图1-12是国产DSZ₃型自动安平水准仪外形图，图1-13是自动安平水准仪剖面结构示意图。该仪器的补偿器安装在调焦透镜和十字丝分划板之间，它的构造是在望远镜筒内装有固定屋脊棱镜，两个直角棱镜则用交叉的金属丝吊在屋脊棱镜架上。当望远镜倾斜时，直角棱镜在重力作用下，与望远镜做相反的偏转，并借助阻尼器的作用很快地静止下来。

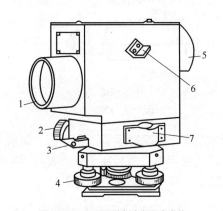

图1-12　DSZ₃型自动安平水准仪
1—物镜；2—水平微动螺旋；3—制动螺旋；4—脚螺旋；
5—目镜；6—反光镜；7—圆水准器

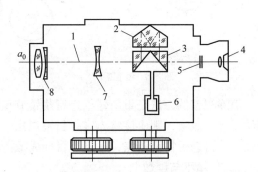

图1-13　自动安平水准仪剖面结构
1—水平光线；2—固定屋脊棱镜；3—悬吊直角棱镜；4—目镜；
5—十字丝分划板；6—空气阻尼器；7—调焦透镜；8—物镜

自动安平水准仪补偿器的补偿范围一般为±8′，故在观测时，首先要进行粗平，然后再照准目标，并进行水准尺读数。

自动安平水准仪的使用方法与微倾式水准仪大致相同，即：

① 安置仪器，高度适中；

② 粗平（转动脚螺旋使圆水准器气泡居中）；

③ 照准水准尺（注意消除视差）；

④ 进行水准尺读数（一般当圆水准器气泡居中后2s内，便可进行水准尺读数）。

通常在自动安平水准仪的目镜下方安装有补偿器控制按钮，观测时，轻轻按动按钮，若尺上读数无变化，则说明补偿器处于正常的工作状态，否则应进行检修。此按钮也可用于校核读数。

在使用、携带和运输自动安平水准仪的过程中，应尽量避免剧烈振动，以免损坏补偿器。

任务二 普通水准测量

一、水准点和水准路线

（一）水准点

为了统一全国的高程系统，满足各种比例尺测图、各项工程建设以及科学研究的需要，测绘部门在全国各地埋设了许多固定的测量标志，并用水准测量的方法测定了它们的高程，这些标志称为水准点，简记为 *BM*。水准点分为永久性和临时性两种。

国家级水准点是国家有关专业测量单位，按一、二、三、四等，共四个精度等级分级，在全国各地建立的永久性水准点。它一般用石料、金属或混凝土制成，顶面设置半球状的金属标志，其顶点表示水准点的高程和位置。水准点应埋设在不易损毁的坚实土质内。如图 1-14 所示，在城镇、厂矿区可将水准点埋设于基础稳定的建筑物墙角适当高度处，称之为墙上水准点。在冻土带，水准点应深埋在冰冻线以下 0.5m，称为地下水准点。水准点的高程可在当地测量主管部门获得，作为地形图测绘、工程建设和科学研究引测高程的依据。

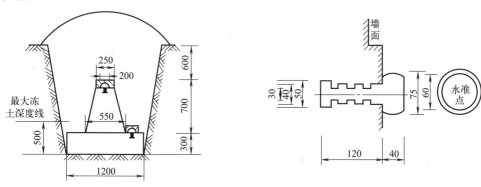

图 1-14 二、三等水准点标石的埋设（单位：mm）

建筑工地上的永久性水准点一般用混凝土制成，顶部嵌入半球状金属标志，其形式如图 1-15（a）所示。布设的临时性水准点（只用于一个时期而不需永久保留）通常可用地面上凸出的坚硬岩石，或将大木桩打入地下，桩顶钉一个半球状铁钉来标识，如图 1-15（b）所示。临时性水准点的绝对高程都是从国家级水准点上引测的，若引测有困难，可采用相对高程。临时性水准点一般都为等外水准测量的水准点。

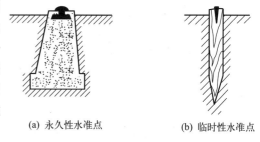

(a) 永久性水准点 　　　 (b) 临时性水准点

图 1-15 建筑工地水准点的埋设

埋设水准点后，应编号并绘制点位地面略图，在图上要注明定位尺寸、水准点编号和高程，称为点之记，必要时设置指示桩，以便保管和使用。

（二）水准路线

在一系列水准点间进行水准测量所经过的路线，称为水准路线。为避免在测量成果中存在错误，保证测量成果能达到一定的精度要求，水准测量都要根据测区的实际情况和作业要求布设成某种形式的水准路线，并利用一定的条件来检核测量成果的正确性。水准路线的布设形式主要有闭合水准路线、附合水准路线和支线水准路线三种，如图1-16所示。

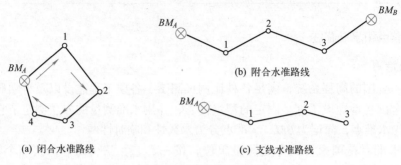

(b) 附合水准路线

(a) 闭合水准路线　　　　(c) 支线水准路线

图1-16　水准路线布设形式

1. 闭合水准路线

如图1-16（a）所示，从一个已知高程的水准点BM_A出发，沿新建的各待定高程的点1、2、3、4进行水准测量，最后又回到出发的原始水准点BM_A，这种闭合的水准路线，称为闭合水准路线。

2. 附合水准路线

如图1-16（b）所示，从已知高程的水准点BM_A出发，沿各待定高程的点1、2、3进行水准测量，最后附合到另一个已知高程的水准点BM_B。这种在两个已知水准点之间布设的路线，称为附合水准路线。

3. 支线水准路线

如图1-16（c）所示，从已知高程的水准点BM_A出发，沿各待定高程的点1、2、3进行水准测量，即从一个已知水准点出发，而另一端为未知点，该路线既不自行闭合，也不附合到其他水准点上，称为支线水准路线。为了进行成果的检核和提高测量精度，对于支线水准路线应该进行往返观测。

二、水准测量方法和记录

水准测量一般都是从已知高程的水准点开始，引测未知点的高程。当欲测高程点距水准点较远或高差较大时，或有障碍物遮挡视线时，在两点间仅安置一次仪器难以测得两点间的高差，此时应把两点间距分成若干段，分段连续进行测量。

下面用实例说明普通水准测量的施测、记录和计算方法。

如图1-17所示，已知A点高程H_A=43.150m，现欲测定出B点高程H_B。可先在AB之间增

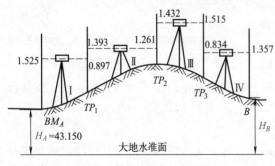

图1-17　水准测量施测（单位：m）

设若干个临时立尺点，将AB路线分成若干段，然后由A点向B点逐段连续安置仪器，分段测定高差。具体观测步骤如下：

在距A点约100~200m处选定TP_1点，分别在A点和TP_1点竖立水准尺，在距A点与TP_1点大致等距离的Ⅰ处安置水准仪，将仪器粗略整平，后视A点上的水准尺，精平后读取A尺后视读数a_1=1.525m，旋转望远镜，前视TP_1点上的水准尺，精平后读取TP_1尺上

前视读数 b_1=0.897m，则 A 点与 TP_1 点之间高差为

$$h_1=a_1-b_1=1.525-0.897=0.628（m）$$

TP_1 点的高程：

$$H_{TP_1}=H_A+h_1=43.150+0.628=43.778（m）$$

以上完成第一个测站的观测与计算工作。

然后，将水准仪搬至测站Ⅱ处安置，将点 TP_1 上的尺面在原处反转过来，变为测站Ⅱ的后视尺，点 A 上的尺子向前移至 TP_2，按照测站Ⅰ的工作程序进行测站Ⅱ的工作。按上述步骤依次沿水准路线前进方向，连续逐站进行施测，直至测定到终点 B 的高程为止。水准测量的观测、记录与计算见表1-1。

表1-1 水准测量记录手簿（高差法）

日期：　　　天气：　　　仪器：　　　地点：　　　观测人：　　　记录人：

测站	测点	水准尺读数		高差/m	高程/m	备注
		后视读数 a/m	前视读数 b/m			
Ⅰ	BM_A	1.525		0.628	43.150	已知高程
Ⅱ	TP_1	1.393	0.897	+0.132	43.778	
Ⅲ	TP_2	1.432	1.261	−0.083	43.910	
Ⅳ	TP_3	0.834	1.515	−0.523	43.827	
	B		1.357		43.304	
计算校核		$\sum a$=5.184	$\sum b$=5.030	$\sum h$=0.154	$H_终-H_始$=0.154	计算无误
		$\sum a-\sum b$=0.154				

由图1-17可知，每安置一次仪器，就测得一个高差，即各站高差分别为

$$h_1=a_1-b_1=1.525m-0.897m=0.628m$$
$$h_2=a_2-b_2=1.393m-1.261m=0.132m$$
$$h_3=a_3-b_3=1.432m-1.515m=-0.083m$$
$$h_4=a_4-b_4=0.834m-1.357m=-0.523m$$

将以上各式相加，并用总和符号 $\sum$ 表示，则得 A、B 两点的高差：

$$h_{AB}=h_1+h_2+h_3+h_4=(a_1+a_2+a_3+a_4)-(b_1+b_2+b_3+b_4)=\sum h=\sum a-\sum b \tag{1-3}$$

即 A、B 两点高差等于各段高差之代数和，也等于后视读数的总和减去前视读数的总和。

若逐站推算高程，则有下列各式：

$$H_{TP_1}=H_A+h_1=43.150m+0.628m=43.778m$$
$$H_{TP_2}=H_{TP_1}+h_2=43.778m+0.132m=43.910m$$
$$H_{TP_3}=H_{TP_2}+h_3=43.910m+（-0.083）m=43.827m$$
$$H_B=H_{TP_3}+h_4=43.827m+（-0.523）m=43.304m$$

分别填入表1-1相应栏内。

最后由 B 点高程 H_B 减去 A 点高程 H_A，应等于 $\sum h$，即

$$H_B-H_A=\sum h \tag{1-4}$$

为了保证记录表中数据的计算正确，应对记录表中每一页所计算的高差和高程进行计算检核。根据式（1-3）、式（1-4）得到计算检核公式（1-5），即高差总和、后视读数总和减去

前视读数总和、终点高程与始点高程之差，这三个数应相等；若不相等，则说明计算有错。

$$\sum h = \sum a - \sum b = H_{终} - H_{始} \tag{1-5}$$

例如表1-2中：

$$\sum h = 0.154\text{m}，\sum a - \sum b = 0.154\text{m}，H_{终} - H_{始} = 0.154\text{m}$$

三者相同，说明计算没有错误。

图1-17中，BM_A 与 B 之间的临时立尺点 TP_1、TP_2……是高程传递点，称为转点，通常用"TP"表示。在转点上既有前视读数，也有后视读数。转点高程的施测、计算是否正确，直接影响最后一点高程的准确，因此是有关全局的重要环节。通常这些转点都是临时选定的立尺点，并没有固定的标志，所以立尺员在每一个转点上必须等观测员读完前、后视读数并得到观测员的准许后才能移动（即相邻前、后两测站观测中的转点位置不得变动）。

由上述可知，长距离的水准测量，实际上是水准测量基本操作方法、记录与计算的重复连续性工作，因而测量人员应养成操作按程序、记录与计算依顺序进行的工作习惯。

三、水准测量的检核

长距离水准测量工作的连续性很强，待定点的高程是通过各转点的高程传递而获得的。若在一个测站的观测中存在错误，则整个水准路线测量成果都会受到影响，所以水准测量的检核是非常重要的。检核工作有如下几项。

（一）计算检核

计算检核的目的是及时检核记录手簿中的高差和高程计算中是否有错误。式（1-5）为观测记录中的计算检核式，若等式成立，表示计算正确，否则说明计算有错误。

（二）测站检核

测站检核的目的是及时发现和纠正施测过程中由观测、读数、记录等原因导致的高差错误。为保证每个测站观测高差的正确性，必须进行测站检核。测站检核的方法有双仪器高法和双面尺法两种。

1. 双仪器高法

在同一个测站上用两次不同的仪器高度分别测定高差，用两次测定的高差值相互比较进行检核。即测得第一次高差后，改变水准仪视线高度大于10cm以上重新安置，再测一次高差。两次所测高差之差对于等外水准测量容许值为±6mm。对于四等水准测量容许值为±5mm。超过此限差，必须重测；若不超过限差，可取其高差的平均值作为该站的观测高差。

2. 双面尺法

在同一个测站上，仪器的高度不变，根据立在前视点和后视点上的双面水准尺，分别用黑面和红面各进行一次高差测量，用两次测定的高差值相互比较进行检核。两次所测高差之差的限差与双仪器高法相同。同时每一根尺子红面与黑面读数之差与常数（4.687m或4.787m）之差，不超过3mm（四等水准测量）或4mm（等外水准测量），可取其高差的平均值作为该站的观测高差；若超过限差，必须重测。

（三）成果检核

测站检核只能检核一个测站上是否存在错误或误差是否超限。仪器误差、估读误差、转点位置变动的错误、外界条件影响等，虽然在一个测站上反映不明显，但随着测站数的增多，就会使误差积累，就有可能使误差超过限差。因此为了正确评定一条水准线路的测量成果精度，应该进行整个水准路线的成果检核。水准测量成果的精度是根据闭合条件来衡量的，即将路线上观测高差的代数和与路线的理论高差值相比较，用其差值的大小来评定路线成果的精度是否合格。

成果检核的方法，因水准路线布设形式不同而异，主要有以下几种：

1. 闭合水准路线

从理论上讲，闭合水准路线各段高差的代数和应等于零，即

$$\sum h_{理}=0 \tag{1-6}$$

2. 附合水准路线

从理论上讲，附合水准路线各段实测高差的代数和应等于两端水准点间的已知高差值，即

$$\sum h_{理}=H_{终}-H_{始} \tag{1-7}$$

3. 支线水准路线

支线水准路线本身没有检核条件，通常是用往、返水准测量方法进行路线成果的检核。从理论上讲，往测高差与返测高差，应大小相等，符号相反，即

$$\sum h_{往}=-\sum h_{返} \tag{1-8}$$

实际上，由于测量值含有不可避免的误差，因此，观测的高差代数和不会等于高差的理论值，这种不符合的差值称为高差闭合差，用f_h表示。高差闭合差的大小是用来确定错误和评定水准测量成果精度的标准。若f_h在容许限差之内，表示观测结果精度合格，否则应返工重测。具体计算方法将在下一任务中详述。

四、水准测量的误差和注意事项

由于测量成果中都不可避免地含有误差，因此，需要通过分析水准测量误差产生的因素，找出测量人员在施测过程中防止和减少各类误差的方法，提高水准测量观测成果的质量。这是测量工作中要认真研究的课题。

水准测量的误差主要有仪器、工具误差，观测误差和外界条件影响三个方面。

（一）仪器、工具误差

1. 水准仪的水准管轴不平行于视准轴

水准仪在使用前虽然经过了检验和校正，但仍存在检验和校正后的残余误差，使得仪器的水准管轴与视准轴不严格平行。也就是说，即使水准管气泡居中，视准轴也不会水平，结果在水准尺上引起读数误差。这项误差的大小与仪器至水准尺之间的距离成正比，因此，可以按等距离等影响的原则，采用在观测中使前、后视距离相等的方法消除或削弱此项误差的影响。

2. 水准尺刻划不准确、尺身弯曲

由于水准尺刻划不准确、尺身弯曲而引起的尺长变化，将直接给读数带来误差。当水准测量的精度要求较高时，应对水准尺进行检定，对不符合规定要求的水准尺，应停止使用。

3. 水准尺零点误差

水准尺底端磨损或者底部粘上泥土，致使尺底的零点位置发生改变，而且施测中使用的一副（两根）水准尺，尺底磨损又不相同，造成一副尺零点不一致的情况。如果在测量中两根尺交替作为后视尺或前视尺，同时在起、终点之间采用设置偶数站的方法施测，就可以消除或削弱此项误差对高差测量的影响。

（二）观测误差

1. 水准管气泡居中误差

进行水准测量时，视线的水平是根据管水准器气泡居中来判断的。由于生理条件的限制，人眼在判断气泡的吻合时可能会存在误差；另外在调节微倾螺旋使气泡吻合的过程中，由于气泡移动存在惯性，所以人眼判断气泡吻合也可能存在误差；而且液体在水准管内运动，与管壁间存在黏滞作用。以上各原因所造成的人眼在判断气泡吻合时所产生的误差叫水准管气泡居中误差。这项误差对高差观测值的影响大小是与仪器到水准尺的距离成正比的。因此，观测时要仔细精确整平，保证在读数过程中气泡稳定、吻合。

2. 水准尺上的估读误差

在水准尺上估读毫米数的误差与人眼的分辨能力、望远镜的放大率及视距长度有关。各级水准测量规定了望远镜的放大率，并限制了视距的最大长度。减小估读误差的主要措施是提高技术水平，适当控制视距长度，以保证估读精度。普通水准测量使用的 DS$_3$ 型水准仪，其望远镜的放大率为 28 倍，在四等水准测量中，视距长度最好控制在 75~80m，不要超过100m。

3. 视差

当存在视差时，由于十字丝平面与水准尺影像不重合，若眼睛位置不同，便读出不同的读数，而产生读数误差。因此，观测时应仔细地进行调焦操作，以消除视差。

4. 水准尺倾斜误差

水准尺左右倾斜，观测者在望远镜内容易发现并能及时纠正；若前后倾斜，望远镜内不易发现，且对读数影响较大。前后倾斜总是使尺上的读数增大。当尺子倾角为 2°，尺上读数为 2m 时，将产生 1.2mm 的读数误差。若读数或倾角增大，水准尺倾斜引起的读数误差也增大。为了减少此项误差的影响，扶尺必须认真，使水准尺既竖直又稳定。当水准仪精确调平后，扶尺者可将水准尺缓缓前后俯仰，观测者在望远镜内看到尺上读数随之变化，当尺子竖直时，读数最小，所以读出尺上最小的读数就对了。

（三）外界条件影响

1. 地球曲率和大气折射的影响

如图 1-18 所示，用水平视线代替大地水准面的平行曲线，对尺上读数产生的影响为

$$c = \frac{D^2}{2R}$$

式中　D——仪器到水准尺的距离；

　　　R——地球的平均半径，6371km。

实际上，由于地面上空气密度不同（上疏下密），视线通过不同密度的空气层时，受大气的折射影响，视线并不是水平的，而是呈现向下弯曲状。实验证明，在稳定的气象条件下，大气折射对水准尺读数产生的影响约为地球曲率影响的 1/7，且符号相反，其折射量的大小对水准尺读数产生的影响为

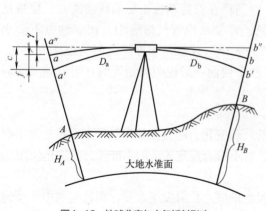

图1-18　地球曲率与大气折射影响

$$\gamma = \frac{D^2}{2 \times 7R}$$

则地球曲率与大气折射的共同影响为

$$f=c-\gamma=0.43D^2/R$$

在水准测量中，当前、后视距相等时，地球曲率与大气折射对水准测量的影响将可以在高差计算中得到减小或消除。

2. 温度和风力的影响

温度高和日晒对水准尺接近地面部分的影响，会使视线产生跳动，从而影响读数。测量规范中规定，进行四等水准测量时，视线离地面最低高度应使三丝能同时读数。另外，水准管受到烈日直接照射，会影响气泡居中，所以烈日下作业应撑伞遮阳，防止阳光直接照射仪器。风力较大（超过四级）时，应该停止观测。

3. 仪器下沉与尺垫下沉的影响

当仪器安置在土质松软的地面时，会产生缓慢的下沉，使视线降低，从而引起高差误差。如采用"后、前、前、后"的观测程序，可减弱其影响。

如果转点选在土质松软的地面，尺垫受水准尺的撞击及重压后也会发生下沉，将使下一站后视读数增大，而引起误差。采用往返观测，取平均值的方法可以减弱其影响。

任务三 水准路线测量

进行水准测量成果计算前，要先检查观测手簿，计算各点间的高差。待计算校核无误后，则根据外业观测高差计算水准路线的高差闭合差，以确定成果的精度。若闭合差在容许的范围内，认为精度合格、成果可用，否则应查找超限原因予以纠正，必要时应返工重测，直至达到精度为止。在精度合格的情况下，调整闭合差，最后计算各点的高程，以上工作称为水准测量的内业。下面将根据水准路线布设的不同形式，举例说明计算的方法、步骤。

一、水准测量的精度要求

高差闭合差是用来衡量水准测量成果精度的。不同等级的水准测量，对高差闭合差的限差规定也不同，等外水准测量的高差闭合差对限差 $f_{h容}$ 的规定见表1-2。

表1-2 水准测量的主要技术要求

等级	容许高差闭合差	主要应用范围举例
三等	$f_{h容}=\pm12\sqrt{L}$mm 平地 $f_{h容}=\pm4\sqrt{n}$mm 山地	场区的高程控制网
四等	$f_{h容}=\pm20\sqrt{L}$mm 平地 $f_{h容}=\pm6\sqrt{n}$mm 山地	普通建筑工程,河道工程,用于立模、填筑放样的高程控制点
图根	$f_{h容}=\pm40\sqrt{L}$mm 平地 $f_{h容}=\pm12\sqrt{n}$mm 山地	小测区地形图测绘的高程控制、山区道路、小型农田水利工程

注：1. 表中图根通常是普通（或等外）水准测量。

2. 表中 L 为路线单程长度，以 km 计；n 为单程测站数。

3. 每公里测站数多于15站时，用相应项目的山地公式。

当计算出 f_h 以后，即可进行高差闭合差 f_h 与容许高差闭合差 $f_{h容}$ 的比较，若 $\left| f_h \right| \leqslant f_{h容}$，则精度合格，在精度合格的情况下，可以进行水准路线成果计算。

二、附合水准路线成果计算

如图1-19所示，拟从水准点BM_1开始，经A、B、C、D四个待定点后，附合到另一水准点BM_2上，现用图根水准测量方法进行观测，各段观测高差、距离及起、终点高程均注于图上，图中箭头表示测量前进方向。现以该附合水准路线为例，介绍成果计算的步骤如下，并将计算结果记入表1-3中。

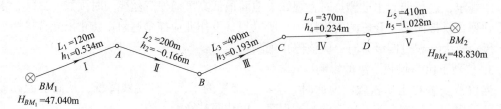

图1-19　水准路线计算示意图

1. 将观测数据和已知数据填入计算表

将各测点、各段距离、实测高差及水准点BM_1和BM_2的已知高程填入表1-3相应的各栏内。

表1-3　附合水准测量成果计算表

测段编号	测点	距离/m	实测高差/m	高差改正数/m	改正后高差/m	高程/m	备注
I	BM_1	120	+0.534	−0.002	+0.532	47.040	高程已知
II	A	200	−0.166	−0.004	−0.170	47.572	
III	B	490	+0.193	−0.010	+0.183	47.402	
IV	C	370	+0.234	−0.008	+0.226	47.585	
V	D	410	+1.028	−0.009	+1.019	47.811	
	BM_2					48.830	与已知高程相符
Σ		1590	+1.823	−0.033	+1.790		
辅助计算							

辅助计算：

$f_h = \sum h_测 - \sum h_理 = \sum h_测 - (H_终 - H_始) = 1.823\text{m} - 1.790\text{m} = +0.033\text{m} = 33\text{mm}$

$f_{h容} = 40\sqrt{L}\text{mm} = 40\sqrt{1.59}\text{mm} \approx 50\text{mm}$

$|f_h| < |f_{h容}|$，精度合格

2. 计算高差闭合差

如前所述，附合水准路线各测段高差的代数和应等于两端已知水准点间的高差值。若不等，其差值即为高差闭合差。即

$$f_h = \sum h_测 - \sum h_理 = \sum h_测 - (H_终 - H_始) \tag{1-9}$$

本例中：

$f_h = \sum h_测 - \sum h_理 = \sum h_测 - (H_终 - H_始) = 1.823\text{m} - (48.830\text{m} - 47.040\text{m}) = +0.033\text{m} = 33\text{mm}$

3. 计算高差闭合差容许值

根据表1-3，图根水准的容许限差$f_{h容} = 40\sqrt{L}\text{mm}$。本例中，路线总长为1.59km，则$f_{h容} = 40\sqrt{L}\text{mm} = 40\sqrt{1.59}\text{mm} = 50\text{mm}$，由于$\left|f_h\right| < \left|f_{h容}\right|$，因此精度符合要求。在精度合格的情况下，可进行高差闭合差的调整。

4. 调整高差闭合差

高差闭合差的调整方法与闭合水准路线相同，各段改正数分别为

$$v_1=\left[-(+0.033)/1590\right]\times120\approx-0.002\text{（m）}$$

$$v_2=\left[-(+0.033)/1590\right]\times200\approx-0.004\text{（m）}$$

$$v_3=\left[-(+0.033)/1590\right]\times490\approx-0.010\text{（m）}$$

$$v_4=\left[-(+0.033)/1590\right]\times370\approx-0.008\text{（m）}$$

$$v_5=\left[-(+0.033)/1590\right]\times410\approx-0.009\text{（m）}$$

将各段改正数填入表1-3中改正数栏内，并作如下检核：$\sum v=-0.033\text{m}=-f_h$。

5. 计算改正后的高差

改正后高差的计算方法与闭合水准路线相同，本例中各段改正后的高差分别为

$$h_{1改}=0.534\text{m}+(-0.002)\text{m}=0.532\text{m}$$

$$h_{2改}=-0.166\text{m}+(-0.004)\text{m}=-0.170\text{m}$$

$$h_{3改}=0.193\text{m}+(-0.010)\text{m}=0.183\text{m}$$

$$h_{4改}=0.234\text{m}+(-0.008)\text{m}=0.226\text{m}$$

$$h_{5改}=1.028\text{m}+(-0.009)\text{m}=1.019\text{m}$$

分别填入表1-3改正后高差栏内，并作检核：$\sum h_{改}=H_{BM_2}-H_{BM_1}=48.830-47.040=1.790$（m）。

6. 计算待定点高程

根据水准点BM_1的已知高程和各段改正后高差，按顺序逐点推算各待定点高程，填入表1-3高程栏内。本例中推算得出的各待定点高程分别为

$$H_A=47.040\text{m}+0.532\text{m}=47.572\text{m}$$

$$H_B=47.572\text{m}+(-0.170)\text{m}=47.402\text{m}$$

$$H_C=47.402\text{m}+0.183\text{m}=47.585\text{m}$$

$$H_D=47.585\text{m}+0.226\text{m}=47.811\text{m}$$

$$H_{BM_2}=47.811\text{m}+1.019\text{m}=48.830\text{m}$$

二维码1-3
水准测量习题

检核：$H_{BM_2(计算)}=48.830\text{m}=H_{BM_2(已知)}$。

单元二　角度测量

角度测量是确定地面点位时的基本测量工作之一，包括水平角观测和竖直角观测。前者主要用于测定平面点位，后者用于测定高程或将倾斜距离化为水平距离。角度测量的仪器是经纬仪，它可以用于测量水平角和竖直角。本单元主要介绍角度测量中的水平和竖直角观测原理、仪器的基本构造、角度观测的基本方法等基本知识或技能。

任务四　经纬仪的认识与使用

一、水平角测量原理

（一）水平角的概念

相交于一点的两方向线在水平面上的垂直投影所形成的夹角，称为水平角。水平角一般

用β表示，角值范围为0°~360°。

如图1-20所示，A、O、B是地面上任意三个点，OA和OB两条方向线所夹的水平角，即为OA和OB在水平面H上的垂直投影O_1A_1和O_1B_1所构成的夹角β。

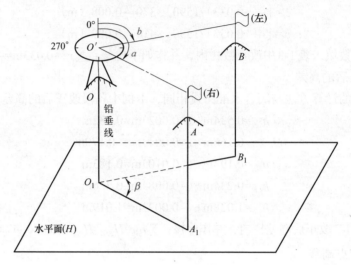

图1-20　水平角测量原理

（二）水平角测角原理

如图1-20所示，可在O点的上方任意高度处，水平安置一个带有刻度的圆盘，并使圆盘中心在过O点的铅垂线上；通过OA和OB各作一铅垂面，设这两个铅垂面在刻度盘上截取的读数分别为a和b，则水平角β的角值为

$$\beta = b - a \tag{1-10}$$

用于测量水平角的仪器，必须具备一个能置于水平位置的水平度盘，且水平度盘的中心位于水平角顶点的铅垂线上。仪器上的望远镜不仅可以在水平面内转动，而且还能在竖直面内转动。经纬仪就是根据上述基本要求设计制造的测角仪器。

二、光学经纬仪的构造

光学经纬仪按测角精度，分为DJ_{07}、DJ_1、DJ_2、DJ_6和DJ_{15}等不同级别。其中"DJ"分别为"大地测量"和"经纬仪"的汉字拼音第一个字母，下标数字07、1、2、6、15表示仪器的精度等级，即"一测回方向观测中误差的秒数"。

（一）DJ_6型光学经纬仪的构造

DJ_6型光学经纬仪主要由照准部、水平度盘和基座三部分组成。

1. 照准部

照准部是指经纬仪水平度盘之上，能绕其旋转轴旋转部分的总称。照准部主要由竖轴、望远镜、竖直度盘、读数设备、照准部水准管和光学对中器等组成。

（1）竖轴　照准部的旋转轴称为仪器的竖轴。通过调节照准部制动螺旋和微动螺旋，可以控制照准部在水平方向上的转动。

（2）望远镜　望远镜用于瞄准目标。另外为了便于精确瞄准目标，经纬仪的十字丝分划板与水准仪的稍有不同，如图1-21所示。

望远镜的旋转轴称为横轴。通过调节望远镜制动螺旋和微动螺旋，可以控制望远镜的上下转动。

望远镜的视准轴垂直于横轴，横轴垂直于仪器竖轴。因此，在仪器竖轴铅直时，望远镜绕横轴转动扫出一个铅垂面。

（3）竖直度盘　竖直度盘用于测量竖直角。竖直度盘固定在横轴的一端，随望远镜一起转动。

（4）读数设备　读数设备用于读取水平度盘和竖直度盘的读数。

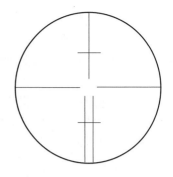

图1-21　经纬仪的十字丝分划板

（5）照准部水准管　照准部水准管用于精确整平仪器。

水准管轴垂直于仪器竖轴，当照准部水准管气泡居中时，经纬仪的竖轴铅直，水平度盘处于水平位置。

（6）光学对中器　光学对中器用于使水平度盘中心位于测站点的铅垂线上。

2. 水平度盘

水平度盘是用于测量水平角的。它是由光学玻璃制成的圆环，环上刻有0°~360°的分划线，在整度分划线上标有注记，并按顺时针方向注记，其度盘分划值为1°或30′。

水平度盘与照准部是分离的，当照准部转动时，水平度盘并不随之转动。如果需要改变水平度盘的位置，可通过照准部上的水平度盘变换手轮，将度盘变换到所需的位置。

3. 基座

基座用于支承整个仪器，并通过中心连接螺旋将经纬仪固定在三脚架上。基座上有三个脚螺旋，用于整平仪器。在基座上还有一个轴座固定螺旋，用于控制照准部和基座之间的衔接。

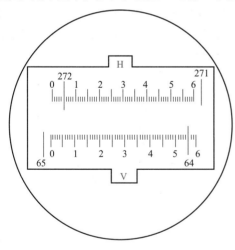

图1-22　分微尺测微器读数

（二）读数设备及读数方法

度盘上小于度盘分划值的读数要利用测微器读出，DJ$_6$型光学经纬仪一般采用分微尺测微器。如图1-22所示，在读数显微镜内可以看到两个读数窗：注有"水平"或"H"的是水平度盘读数窗；注有"竖直"或"V"的是竖直度盘读数窗。每个读数窗上有一分微尺。

分微尺的长度等于度盘上1°影像的宽度，即分微尺全长代表1°。将分微尺分成60小格，每1小格代表1′，可估读到0.1′，即6″。每10小格注有数字，表示10′的倍数。

读数时，先调节读数显微镜目镜对光螺旋，使读数窗内度盘影像清晰；然后，读出位于分微尺中的度盘分划线上的注记度数；最后，以度盘分划线为指标，在分微尺上读取不足1°的分数，并估读秒数。如图1-22所示，其水平度盘读数为272°05′00″，竖直度盘读数为64°56′30″。

三、经纬仪的使用

（一）安置仪器

安置仪器是将经纬仪安置在测站点上。

二维码1-4
经纬仪的操作

（二）对中整平

包括对中和整平两项内容。对中的目的是使仪器中心与测站点标志中心位于同一铅垂线上；整平的目的是使仪器竖轴处于铅垂位置，水平度盘处于水平位置。

1. 初步对中

（1）用锤球对中　其操作方法如下。

① 将三脚架调整到合适高度，张开三脚架，安置在测站点上方，在脚架的连接螺旋上挂上锤球，如果锤球尖离标志中心太远，可固定一脚移动另外两脚，或将三脚架整体平移，使锤球尖大致对准测站点标志中心，并注意使架头大致水平，然后将三脚架的脚尖踩入土中。

② 将经纬仪从箱中取出，用连接螺旋将经纬仪安装在三脚架上。调整脚螺旋，使圆水准器气泡居中。

③ 此时，如果锤球尖偏离测站点标志中心，可旋松连接螺旋，在架头上移动经纬仪，使锤球尖精确对准测站点标志中心，然后旋紧连接螺旋。

（2）用光学对中器对中　其操作方法如下。

① 使架头大致对中和水平，连接经纬仪；调节光学对中器的目镜和物镜对光螺旋，使光学对中器的分划板小圆圈和测站点标志的影像清晰。

② 转动脚螺旋，使光学对中器对准测站标志中心，此时圆水准器气泡偏离，伸缩三脚架架腿，使圆水准器气泡居中，注意脚架尖位置不得移动。

2. 精确整平和对中

（1）整平　先转动照准部，使水准管平行于任意一对脚螺旋的连线，如图1-23（a）所示，两手同时向内或向外转动这两个脚螺旋，使气泡居中，注意气泡移动方向始终与左手大拇指移动方向一致；然后将照准部转动90°，如图1-23（b）所示，转动第三个脚螺旋，使水准管气泡居中。再将照准部转回原位置，检查气泡是否居中，若不居中，按上述步骤反复进行，直到水准管在任何位置时气泡偏离零点不超过一格为止。

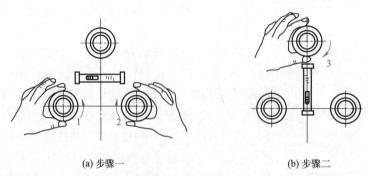

(a) 步骤一　　　　　　　　　　　(b) 步骤二

图1-23　经纬仪的整平

（2）对中　先旋松连接螺旋，在架头上轻轻移动经纬仪，使锤球尖精确对准测站点标志中心，或使对中器分划板的刻划中心与测站点标志影像重合；然后旋紧连接螺旋。锤球对中误差一般可控制在3mm以内，光学对中器对准误差一般可控制在1mm以内。

对中和整平，一般都需要经过几次"整平—对中—整平"的循环过程，直至整平和对中均符合要求。

（三）瞄准目标

① 松开望远镜制动螺旋和照准部制动螺旋，将望远镜朝向明亮背景，调节目镜对光螺

旋，使十字丝清晰。

② 利用望远镜上的照门和准星粗略对准目标，拧紧照准部及望远镜制动螺旋；调节物镜对光螺旋，使目标影像清晰，并注意消除视差。

③ 转动照准部和望远镜微动螺旋，精确瞄准目标。测量水平角时，应用十字丝交点附近的竖丝瞄准目标底部，如图1-24所示。

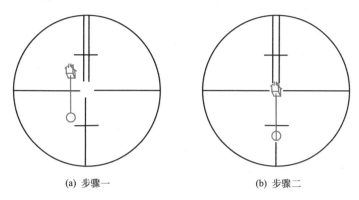

(a) 步骤一   (b) 步骤二

图1-24　瞄准目标

（四）读数

① 打开反光镜，调节反光镜镜面位置，使读数窗亮度适中。

② 转动读数显微镜目镜对光螺旋，使度盘、测微尺及指标线的影像清晰。

③ 根据仪器的读数设备，按前述的经纬仪读数方法进行读数。

四、电子经纬仪

1. DT202电子经纬仪构造简介

如图1-25所示，电子经纬仪的构造和光学仪器基本一样，也包括三大部分：基座、水平度盘、照准部。电子经纬仪比光学经纬仪更为方便，体现在两个方面：一是读数更为方便，可以从显示屏上直接读出；二是光学对中器和望远镜可以用激光束代替，瞄准更为方便直接。

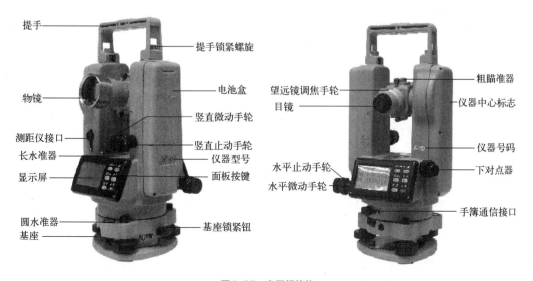

图1-25　电子经纬仪

2. 电子经纬仪的操作

以测回法测水平角为例:

① 对中整平后,按开关键(◯▯)开机后,上下转动望远镜几周,然后使仪器水平盘转动几周,完成仪器初始化工作,直至显示水平度盘角值、竖直度盘角值为止,如图1-26所示。

H	267°	47′	06″
V右	31°	25′	44″
			补偿

图1-26 显示器

② 用盘左瞄准左边目标A,若要配置度盘为0°00′00″,则按 置0 键,显示屏第三行水平角度值显示0°00′00″,记下此读数;顺时针旋转瞄准右边的目标B,记下水平读数;倒镜用盘右瞄准B,记下读数;逆时针旋转瞄准左边的目标A,记下水平读数。

说明:a. 若要配置度盘为0°02′00″,则旋转固定仪器,用水平微动螺旋使读数为0°02′00″,再按 锁定 键锁定此读数,瞄准目标A后,再按 锁定 键解除锁定。

b. 在测量过程中,要注意保持水平读数处于 水平右,若出现 水平左,则按 左⇄右 键。

任务五　测回法观测水平角

1. 测回法的观测方法(测回法适用于观测两个方向之间的单角)

如图1-27所示,设O为测站点,A、B为观测目标,用测回法观测OA与OB两方向之间的水平角β,具体施测步骤如下。

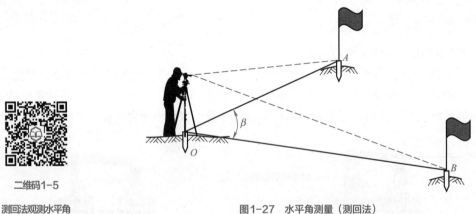

二维码1-5

测回法观测水平角

图1-27 水平角测量(测回法)

① 在测站点O安置经纬仪,在A、B两点竖立测杆或测钎等,作为目标标志。

② 将仪器置于盘左位置,转动照准部,先瞄准左目标A,读取水平度盘读数a_L,设读数为0°01′30″,记入水平角观测手簿(表1-4)相应栏内。松开照准部制动螺旋,顺时针转动照准部,瞄准右目标B,读取水平度盘读数b_L,设读数为98°20′48″,记入表1-4相应栏内。

以上称为上半测回,盘左位置的水平角角值(也称上半测回角值)$β_L$为

$$β_L = b_L - a_L = 98°20′48″ - 0°01′30″ = 98°19′18″$$

③ 松开照准部制动螺旋,倒转望远镜成盘右位置,先瞄准右目标B,读取水平度盘读数b_R,设读数为278°21′12″,记入表1-4相应栏内。松开照准部制动螺旋,逆时针转动照准

表1-4　测回法观测手簿

测站	目标	竖盘位置	水平度盘读数 (° ′ ″)	半测回角值 (° ′ ″)	一测回角值 (° ′ ″)	各测回平均值 (° ′ ″)	备注
第一测回 O	A	左	0　01　30	98 19 18			
	B	左	98　20　48		98 19 24		
	A	右	180　01　42	98 19 30		98 19 30	
	B	右	278　21　12				
第二测回 O	A	左	90　01　06	98 19 30			
	B	左	188　20　36		98 19 36		
	A	右	270　00　54	98 19 42			
	B	右	8　20　36				

部，瞄准左目标 A，读取水平度盘读数 a_R，设读数为 180°01′42″，记入表1-4相应栏内。

以上称为下半测回，盘右位置的水平角角值（也称下半测回角值）β_R 为

$$\beta_R = b_R - a_R = 278°21'12'' - 180°01'42'' = 98°19'30''$$

上半测回和下半测回构成一测回。

④ 对于 DJ_6 型光学经纬仪，如果上、下两半测回角值之差不超过 ±40″，认为观测合格。此时，可取上、下两半测回角值的平均值作为一测回角值 β。

在本例中，上、下两半测回角值之差为

$$\Delta\beta = \beta_L - \beta_R = 98°19'18'' - 98°19'30'' = -12''$$

一测回角值为

$$\beta = \frac{1}{2}(\beta_L + \beta_R) = \frac{1}{2}(98°19'18'' + 98°19'30'') = 98°19'24''$$

将结果记入表1-4相应栏内。

> **注意**
>
> 由于水平度盘是顺时针刻划和注记的，所以在计算水平角时，总是用右目标的读数减去左目标的读数，如果不够减，则应在右目标的读数上加上360°，再减去左目标的读数，绝不可以倒过来减。

当测角精度要求较高时，需对一个角度观测多个测回，应根据测回数 n，以 $180°/n$ 的差值，安置水平度盘读数。例如，当测回数 $n=2$ 时，第一测回的起始方向读数可安置在略大于 0°处；第二测回的起始方向读数可安置在略大于（180°/2）=90°处。各测回角值互差如果不超过 ±40″（对于 DJ_6 型），取各测回角值的平均值作为最后角值，记入表1-4相应栏内。

2. 安置水平度盘读数的方法

先转动照准部瞄准起始目标；然后，按下度盘变换手轮下的保险手柄，将手轮推压进去，并转动手轮，直至从读数窗看到所需读数；最后，将手松开，手轮退出，把保险手柄倒回。

任务六　方向观测法观测水平角

方向观测法简称方向法，适用于在一个测站上观测两个以上的方向。

1. 方向观测法的施测步骤

如图1-28所示，设O为测站点，A、B、C、D为观测目标，用方向观测法观测各方向间的水平角，具体施测步骤如下：

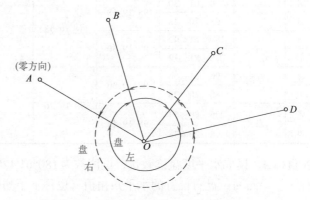

图1-28 水平角测量（方向观测法）

二维码1-6
方向观测法观测水平角

① 在测站点O安置经纬仪，在A、B、C、D观测目标处竖立观测标志。

② 盘左位置：选择一个明显目标A作为起始方向，瞄准零方向A，将水平度盘读数安置在稍大于0°处，读取水平度盘读数，记入表1-5方向观测法观测手簿第4栏。

表1-5 方向观测法观测手簿

测站	测回数	目标	水平度盘读数		2c	平均读数	归零后方向值	各测回归零后方向平均值	略图及角值
			盘左	盘右					
			(° ′ ″)	(° ′ ″)	(″)	(° ′ ″)	(° ′ ″)	(° ′ ″)	
1[❶]	2	3	4	5	6	7	8	9	10
O	1	A	0 02 12	180 02 00	+12	(0 02 10) 0 02 06	0 00 00	0 00 00	
		B	37 44 15	217 44 05	+10	37 44 10	37 42 00	37 42 01	
		C	110 29 04	290 28 52	+12	110 28 58	110 26 48	110 26 52	
		D	150 14 51	330 14 43	+8	150 14 47	150 12 37	150 12 33	
		A	0 02 18	180 02 08	+10	0 02 13			
	2	A	90 03 30	270 03 22	+8	(90 03 24) 90 03 26	0 00 00		
		B	127 45 34	307 45 28	+6	127 45 31	37 42 07		
		C	200 30 24	20 30 18	+6	200 30 21	110 26 57		
		D	240 15 57	60 15 49	+8	240 15 53	150 12 29		
		A	90 03 25	270 03 18	+7	90 03 22			

松开照准部制动螺旋，以顺时针方向旋转照准部，依次瞄准B、C、D各目标，分别读取水平度盘读数，记入表1-5第4栏；为了校核，再次瞄准零方向A，称为上半测回归零，读取水平度盘读数，记入表1-5第4栏。

零方向A的两次读数之差的绝对值，称为半测回归零差。归零差不应超过表1-6中的规定，如果归零差超限，应重新观测。以上称为上半测回。

---

❶ 本行数字为观测手簿各栏（列）编号。本书后文一些表格中，有类似用法。

③ 盘右位置：以逆时针方向依次照准目标 A、D、C、B、A，并将水平度盘读数由下向上记入表 1-5 第 5 栏，此为下半测回。

上、下两个半测回合称一测回。为了提高精度，有时需要观测 n 个测回，则各测回起始方向仍按 180°/n 的差值，安置水平度盘读数。

2. 方向观测法的计算方法

（1）计算两倍视准轴误差 2c 值

$$2c = 盘左读数 - (盘右读数 \pm 180°)$$

式中，盘右读数大于 180° 时 "±" 号取 "-" 号，盘右读数小于 180° 时 "±" 号取 "+" 号。计算各方向的 2c 值，填入表 1-5 第 6 栏。一测回内各方向 2c 值互差不应超过表 1-6 中的规定。如果超限，应在原度盘位置重测。

（2）计算各方向的平均读数 平均读数又称为各方向的方向值。计算公式为

$$平均读数 = \frac{1}{2} \left[盘左读数 + (盘右读数 \pm 180°) \right]$$

计算时，以盘左读数为准，将盘右读数加或减 180° 后，和盘左读数取平均值。计算各方向的平均读数，填入表 1-5 第 7 栏。起始方向有两个平均读数，故应再取其平均值，填入表 1-5 第 7 栏上方小括号内。

（3）计算归零后的方向值 将各方向的平均读数减去起始方向的平均读数（括号内数值），即得各方向的"归零后方向值"，填入表 1-5 第 8 栏。起始方向归零后的方向值为零。

（4）计算各测回归零后方向值的平均值 多测回观测时，同一方向值各测回互差，符合表 1-6 中的规定，则取各测回归零后方向值的平均值，作为该方向的最后结果，填入表 1-5 第 9 栏。

（5）计算各目标间水平角角值 将第 9 栏相邻两方向值相减即可求得，注于第 10 栏略图的相应位置上。

当需要观测的方向为三个时，除不做归零观测外，其他均与三个以上方向的观测方法相同。

3. 方向观测法的技术要求（表 1-6）

表1-6 方向观测法的技术要求

经纬仪型号	半测回归零差	一测回内 2c 互差	同一方向值各测回互差
DJ$_2$	12″	18″	12″
DJ$_6$	18″	—	24″

任务七　竖直角观测

一、竖直角测量原理

1. 竖直角的概念

在同一铅垂面内，观测视线与水平线之间的夹角，称为竖直角，又称倾角，用 α 表示。其角值范围为 0°~±90°。如图 1-29 所示，视线在水平线的上方，竖直角为仰角，符号为正（+α）；视线在水平线的下方，竖直角为俯角，符号为负（-α）。

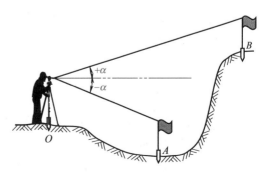

图1-29 竖直角测量原理

2. 竖直角测量原理

同水平角一样，竖直角的角值也是度盘上两个方向的读数之差。如图1-29所示，望远镜瞄准目标的视线与水平线分别在竖直度盘上有对应读数，两读数之差即为竖直角的角值。

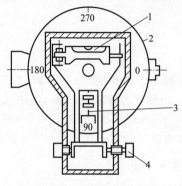

所不同的是，竖直角两方向中的一个方向是水平方向。无论对哪一种经纬仪来说，视线水平时的竖盘读数都应为90°的倍数。所以，测量竖直角时，只要瞄准目标读出竖盘读数，即可计算出竖直角。

二、竖直度盘构造

如图1-30所示，光学经纬仪竖直度盘的构造包括竖直度盘、竖盘指标、竖盘指标水准管和竖盘指标水准管微动螺旋。

竖直度盘固定在横轴的一端，当望远镜在竖直面内转动时，竖直度盘也随之转动，而用于读数的竖盘指标不动。当竖盘指标水准管气泡居中时，竖盘指标所处的位置称为正确位置。

图1-30　竖直度盘的构造
1—竖盘指标水准管；2—竖盘；3—竖盘指标；4—竖盘指标水准管微动螺旋

光学经纬仪的竖直度盘也是一个玻璃圆环，分划与水平度盘相似，度盘刻度0°~360°的注记有顺时针方向和逆时针方向两种。图1-31（a）所示为顺时针方向注记，图1-31（b）所示为逆时针方向注记。

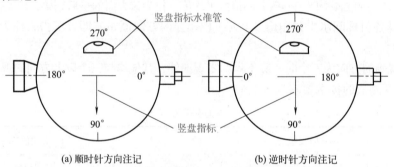

(a) 顺时针方向注记　　　　　(b) 逆时针方向注记

图1-31　竖直度盘刻度注记（盘左位置）

竖直度盘构造的特点是：当望远镜视线水平，竖盘指标水准管气泡居中时，盘左位置的竖盘读数为90°，盘右位置的竖盘读数为270°。

三、竖直角计算公式

由于竖直度盘注记形式不同，竖直角的计算公式也不一样。现在以顺时针注记的竖盘为例，推导竖直角的计算公式。

如图1-32所示，盘左位置：视线水平时，竖盘读数为90°。当瞄准一目标时，竖盘读数为L，则盘左竖直角α_L为

$$\alpha_L = 90° - L \tag{1-11}$$

如图1-32所示，盘右位置：视线水平时，竖盘读数为270°。当瞄准原目标时，竖盘读数为R，则盘右竖直角α_R为

$$\alpha_R = R - 270° \tag{1-12}$$

将盘左、盘右位置的两个竖直角取平均值，即得竖直角α，计算公式为

$$\alpha = \frac{1}{2}(\alpha_L + \alpha_R) \qquad (1\text{-}13)$$

对于逆时针注记的竖盘，用类似的方法推得竖直角的计算公式为

$$\begin{cases} \alpha_L = L - 90° \\ \alpha_R = 270° - R \end{cases} \qquad (1\text{-}14)$$

在观测竖直角之前，将望远镜大致放置水平，观察竖盘读数，首先确定视线水平时的读数；然后上仰望远镜，观测竖盘读数是增加还是减少。

若读数增加，则竖直角的计算公式为

$$\alpha = 瞄准目标时竖盘读数 - 视线水平时竖盘读数 \qquad (1\text{-}15)$$

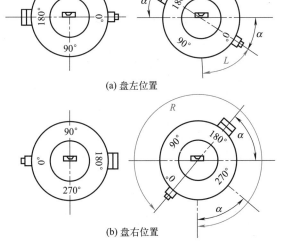

(a) 盘左位置

(b) 盘右位置

图1-32 竖直度盘读数与竖直角计算公式

若读数减少，则竖直角的计算公式为

$$\alpha = 视线水平时竖盘读数 - 瞄准目标时竖盘读数 \qquad (1\text{-}16)$$

以上规定，适合任何竖直度盘注记形式和盘左盘右观测。

四、竖直角观测

竖直角的观测、记录和计算步骤如下：

① 在测站点 O 安置经纬仪，在目标点 A 竖立观测标志，按前述方法确定该仪器竖直角计算公式，为方便应用，可将公式记录于竖直角观测手簿（表1-7）备注栏（第8栏）中。

② 盘左位置：瞄准目标 A，使十字丝横丝精确地切于目标顶端，如图1-33所示。转动竖盘指标水准管微动螺旋，使水准管气泡严格居中，然后读取竖盘读数 L，设为 $95°22'00''$，记入竖直角观测手簿（表1-7）第4栏内。

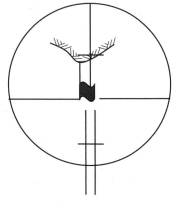

图1-33 竖直角测量瞄准

表1-7 竖直角观测手簿

测站	目标	竖盘位置	竖盘读数 /(° ′ ″)	半测回竖直角 /(° ′ ″)	指标差 /(″)	一测回竖直角 /(° ′ ″)	备注
1	2	3	4	5	6	7	8
O	A	左	95 22 00	-5 22 00	-36	-5 22 36	
		右	264 36 48	-5 23 12			
	B	左	81 12 36	+8 47 24	-45	+8 46 39	
		右	278 45 54	+8 45 54			

③ 盘右位置：重复步骤②，设其读数 R 为 $264°36'48''$，记入表1-7第4栏内。

④ 根据竖直角计算公式计算，得

$$\alpha_L = 90° - L = 90° - 95°22'00'' = -5°22'00''$$
$$\alpha_R = R - 270° = 264°36'48'' - 270° = -5°23'12''$$

那么一测回竖直角为

$$\alpha = \frac{1}{2}(\alpha_L + \alpha_R) = \frac{1}{2} \times (-5°22'00'' - 5°23'12'') = -5°22'36''$$

二维码1-7
角度测量习题

竖盘指标差为

$$x = \frac{1}{2}(\alpha_\text{R} - \alpha_\text{L}) = \frac{1}{2} \times (-5°23'12'' + 5°22'00'') = -36''$$

单元三　距离测量

距离测量是测量的基本工作之一，测量工作中的距离是指地面两点之间的直线距离，在建筑物施工测量中往往需要用距离测量确定点的位置。本单元主要介绍钢尺量距、经纬仪视距测量等基本内容。

任务八　钢尺量距

一、量距的工具

① 钢尺：钢尺是用薄钢片制成的带状尺，可卷入金属圆盒内，故又称钢卷尺。尺宽约10~15mm，长度有20m、30m和50m等几种。根据尺的零点位置不同，有端点尺和刻线尺之分。

钢尺的优点：钢尺抗拉强度高，不易拉伸，所以量距精度较高，在工程测量中常用钢尺量距。钢尺的缺点：钢尺性脆，易折断，易生锈，使用时要避免扭折、防止受潮。

② 测杆：测杆多用木料或铝合金制成，直径约3cm，全长有2m、2.5m及3m等几种规格。杆上油漆成红白相间的20cm色段，测杆下端装有尖头铁脚，便于插入地面，作为照准标志。

③ 测钎：测钎一般用钢筋制成，上部弯成小圆环，下部磨尖，直径3~6mm，长度30~40cm。钎上可用油漆涂成红白相间的色段。通常6根或11根系成一组。量距时，将测钎插入地面，用以标定尺端点的位置，亦可作为近处目标的瞄准标志。

④ 锤球、弹簧秤和温度计等：锤球用金属制成，上大下尖呈圆锥形，它常用于在斜坡上丈量水平距离；弹簧秤和温度计等将在精密量距中应用。

二、直线定线

测量水平距离时，当地面上两点间的距离超过一整尺长时，或地势起伏较大，一尺段无法完成丈量工作时，需要在两点的连线上标定出若干个点，这项工作称为直线定线。按精度要求的不同，直线定线有目估定线和经纬仪定线两种方法。

三、钢尺量距的一般方法

1. 平坦地面上的量距方法

此方法为量距的基本方法。丈量前，先将待测距离的两个端点用木桩（桩顶钉一小钉）标示出来，清除直线上的障碍物后，一般由两人在两点间边定线边丈量，具体做法如下。

① 如图1-34所示，量距时，先在A、B两点上竖立测杆（或测钎），标定直线方向，然后，后尺手持钢尺的零端位于A点，前尺手持尺的末端并携带一束测钎，沿AB方向前进，

至一尺段长处停下，两人都蹲下。

② 后尺手以手势指挥前尺手将钢尺拉在 AB 直线方向上；后尺手以尺的零点对准 A 点，两人同时将钢尺拉紧、拉平、拉稳后，前尺手喊"预备"，后尺手将钢尺零点准确对准 A 点，并喊"好"，前尺手随即将测钎对准钢尺末端刻划竖直插入地面（在坚硬地面处，可用铅笔在地面划线作标记），得 1 点。这样便完成了第一尺段 $A1$ 的丈量工作。

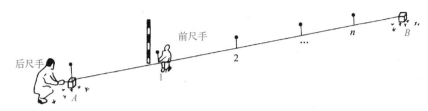

图1-34　平坦地面上的量距方法

③ 接着后尺手与前尺手共同举尺前进，后尺手走到 1 点时，即喊"停"。同法丈量第二尺段，然后后尺手拔起 1 点上的测钎。如此继续丈量下去，直至最后量出不足一整尺的余长 q。则 A、B 两点间的水平距离为

$$D_{AB} = nl + q \tag{1-17}$$

式中　n——整尺段数（即在 A、B 两点之间所拔测钎数）；

　　　l——钢尺长度，m；

　　　q——不足一整尺的余长，m。

为了提高精度和防止丈量错误，一般还应由 B 点量至 A 点进行返测，返测时应重新进行定线。取往、返测距离的平均值作为直线 AB 最终的水平距离：

$$D_{av} = \frac{1}{2}(D_f + D_b) \tag{1-18}$$

式中　D_{av}——往、返测距离的平均值，m；

　　　D_f——往测的距离，m；

　　　D_b——返测的距离，m。

量距精度通常用相对误差 K 来衡量，相对误差 K 化为分子为 1 的分数形式。即

$$K = \frac{\left| D_f - D_b \right|}{D_{av}} = \frac{1}{\dfrac{D_{av}}{\left| D_f - D_b \right|}} \tag{1-19}$$

2. 倾斜地面上的量距方法

（1）平量法　在倾斜地面上量距，如果地面起伏不大，可将钢尺拉平进行丈量。如图1-35所示，丈量时，后尺手以尺的零点对准地面 A 点，并指挥前尺手将钢尺拉在 AB 直线向上，同时前尺手抬高尺子的一端，并且目估使尺水平，将锤球绳紧靠钢尺上某一分划，用锤球尖投影于地面上，再插以插钎，得 1 点。此时钢尺上分划读数即为 A、1 两点间的水平距离。同法继续丈量其余各尺段。当丈量至 B 点时，应注意锤球尖必须对准 B 点。各测段丈量结果的总和就是 A、B 两点间的往测水平距离 D。为方便起见，返测也应由高向低丈量。若精度符合要求，则取往、返测的平均值作为最后结果。

（2）斜量法　当倾斜地面的坡度比较均匀时，如图1-36所示，可以沿倾斜地面丈量出 A、B 两点间的斜距 L_{AB}，用经纬仪测出直线 AB 的倾斜角 α，或测量出 A、B 两点的高差 h_{AB}，然

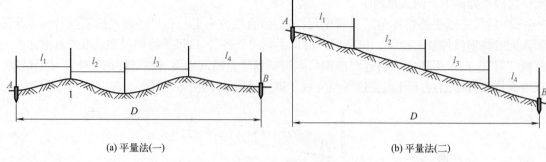

(a) 平量法(一)   (b) 平量法(二)

图1-35　平量法

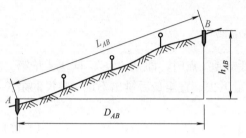

图1-36　斜量法

后计算 AB 的水平距离 D_{AB}，即

$$D_{AB} = L_{AB} \cos \alpha \qquad (1\text{-}20)$$

或

$$D_{AB} = \sqrt{L_{AB}^2 - h_{AB}^2} \qquad (1\text{-}21)$$

四、钢尺量距的精密方法

前面介绍的钢尺量距的一般方法，精度不高，相对误差一般只能达到1/2000~1/5000。但在实际测量工作中，有时量距精度要求很高，如有时量距精度要求在1/10000以上。这时应采用钢尺量距的精密方法。

1. 钢尺检定

钢尺由于材料原因、刻划误差、长期使用导致的变形以及丈量时温度和拉力不同的影响，其实际长度往往不等于尺上所标注的长度（即名义长度），因此，量距前应对钢尺进行检定。

（1）尺长方程式　经过检定的钢尺，其长度可用尺长方程式表示。即

$$l_t = l_0 + \Delta l + \alpha(t - t_0)l_0 \qquad (1\text{-}22)$$

式中　l_t——钢尺在温度 t 时的实际长度，m；

　　　l_0——钢尺的名义长度，m；

　　　Δl——尺长改正数，即钢尺在温度 t_0 时的改正数，m；

　　　α——钢尺的线膨胀系数，一般取 $\alpha = 1.25 \times 10^{-5}\,℃^{-1}$；

　　　t_0——钢尺检定时的温度，℃；

　　　t——钢尺使用时的温度，℃。

式（1-22）所表示的含义是：在施加标准拉力下，钢尺实际长度等于名义长度与尺长改正数和温度改正数之和。对于30m和50m的钢尺，其标准拉力为100N和150N。

（2）钢尺的检定方法　钢尺的检定方法有与标准尺比较和在测定精确长度的基线场进行比较两种方法。下面介绍与标准尺比较的方法。

可将被检定钢尺与已有尺长方程式的标准钢尺相比较。两根钢尺并排放在平坦地面上，都施加标准拉力，并将两根钢尺的末端刻划对齐，在零分划附近读出两尺的差数。这样就能够根据标准尺的尺长方程式计算出被检定钢尺的尺长方程式。这里认为两根钢尺的线膨胀系数相同。检定宜选在阴天或背阴的地方进行，使气温与钢尺温度基本一致。

2. 钢尺量距的精密方法

（1）准备工作　包括清理场地、直线定线和测桩顶间高差。

① 清理场地。在欲丈量的两点方向线上，清除影响丈量的障碍物，必要时要适当平整场地，使钢尺在每一尺段中不因地面障碍物而产生挠曲。

② 直线定线。精密量距用经纬仪定线。如图1-37所示，安置经纬仪于A点，照准B点，固定照准部，沿AB方向用钢尺进行概量，按稍短于一尺段长的位置，由经纬仪指挥打下木桩。桩顶高出地面约10~20cm，并在桩顶钉一小钉，使小钉在AB直线上；或在木桩顶上划十字线，使十字线中的一条在AB直线上，小钉或十字线交点即为丈量时的标志。

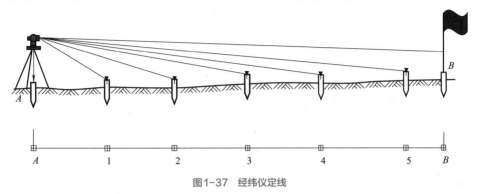

图1-37 经纬仪定线

③ 测桩顶间高差。利用水准仪，用双面尺法或往、返测法测出各相邻桩顶间高差。所测相邻桩顶间高差之差，一般不超过±10mm，在限差内取其平均值作为相邻桩顶间的高差。

（2）丈量方法　人员组成：两人拉尺，两人读数，一人测温度兼记录，共5人。

丈量时，后尺手挂弹簧秤于钢尺的零端，前尺手执尺子的末端，两人同时拉紧钢尺，把钢尺有刻划的一侧贴切于木桩顶十字线的交点，达到标准拉力时，由后尺手发出"预备"口令，两人拉稳尺子，由前尺手喊"好"。在此瞬间，前、后读尺员同时读取读数，估读至0.5mm，记录员依次记入表1-8中，并计算尺段长度。

表1-8 精密量距记录计算表

钢尺号码：No12			钢尺线膨胀系数：$1.25 \times 10^{-5} ℃^{-1}$			钢尺检定时温度 t_0：20℃				
钢尺名义长度 l_0：30m			钢尺检定长度 l'：30.005m			钢尺检定时拉力：100N				

尺段编号	实测次数	前尺读数/m	后尺读数/m	尺段长度/m	温度/℃	高差/m	温度改正数 Δl_t/mm	倾斜改正数 Δl_h/mm	尺长改正数 Δl_d/mm	改正后尺段长/m
A~1	1	29.4350	0.0410	29.3940	+25.5	+0.36	+1.9	-2.2	+4.9	29.3976
	2	29.4510	0.0580	29.3930						
	3	29.4025	0.0105	29.3920						
	平均			29.3930						
1~2	1	29.9360	0.0700	29.8660	+26.0	+0.25	+2.2	-1.0	+5.0	29.8714
	2	29.9400	0.0755	29.8645						
	3	29.9500	0.0850	29.8650						
	平均			29.8652						
2~3	1	29.9230	0.0175	29.9055	+26.5	-0.66	+2.3	-7.3	+5.0	29.9057
	2	29.9300	0.0250	29.9050						
	3	29.9380	0.0315	29.9065						
	平均			29.9057						

续表

尺段编号	实测次数	前尺读数/m	后尺读数/m	尺段长度/m	温度/℃	高差/m	温度改正数 Δl_t/mm	倾斜改正数 Δl_h/mm	尺长改正数 Δl_d/mm	改正后尺段长/m
3~4	1	29.9253	0.0185	29.9050	+27.0	-0.54	+2.5	-4.9	+5.0	29.9083
	2	29.9305	0.0255	29.9050						
	3	29.9380	0.0310	29.9070						
	平均			29.9057						
4~B	1	15.9755	0.0765	15.8990	+27.5	+0.42	+1.4	-5.5	+2.6	15.8975
	2	15.9540	0.0555	15.8985						
	3	15.9805	0.0810	15.8995						
	平均			15.8990						
总和				134.9686			+10.3	-20.9	+22.5	134.9805

前、后移动钢尺一段距离，同法再次丈量。每一尺段测三次，读三组读数，由三组读数算得的长度之差要求不超过2mm，否则应重测。如在限差之内，取三次结果的平均值，作为该尺段的观测结果。同时，对于每一尺段测量应记录温度一次，估读至0.5℃。如此继续丈量至终点，即完成往测工作。

完成往测后，应立即进行返测。

尺段长度计算：根据尺长改正、温度改正和倾斜改正，计算尺段改正后的水平距离。

尺长改正：
$$\Delta l_d = \frac{\Delta l}{l_0} l \qquad (1-23)$$

温度改正：
$$\Delta l_t = \alpha \left(t - t_0 \right) l \qquad (1-24)$$

倾斜改正：
$$\Delta l_h = -\frac{h^2}{2l} \qquad (1-25)$$

尺段改正后的水平距离：
$$D = l + \Delta l_d + \Delta l_t + \Delta l_h \qquad (1-26)$$

式中，Δl_d 为尺段的尺长改正数，mm；Δl_t 为尺段的温度改正数，mm；Δl_h 为尺段的倾斜改正数，mm；Δl 为钢尺的尺长改正数，mm；h 为尺段两端点的高差，m；l 为尺段的观测结果，m；D 为尺段改正后的水平距离，m。

其余字母含义同式（1-22）。

（3）成果计算　将每一尺段丈量结果经过尺长改正、温度改正和倾斜改正，改算成水平距离，并求总和，得到直线往测、返测的全长。往、返测较差符合精度要求后，取往、返测结果的平均值作为最后成果。

五、钢尺量距的误差及注意事项

1. 尺长误差

钢尺的名义长度和实际长度不符，产生尺长误差。尺长误差是积累性的，它与所量距离成正比。

2. 定线误差

丈量时钢尺偏离定线方向，将使测线成为一折线，导致丈量结果偏大，这种误差称为定线误差。

3. 拉力误差

钢尺有弹性，受拉会伸长。钢尺在丈量时所受拉力应与检定时拉力相同。如果拉力变化±2.6kg，尺长将改变±1mm。一般量距时，只要保持拉力均匀即可。精密量距时，必须使用弹簧秤。

4. 钢尺垂曲误差

钢尺悬空丈量时中间下垂，称为垂曲，由此产生的误差为钢尺垂曲误差。垂曲误差会使量得的长度大于实际长度，故在钢尺检定时，亦可按悬空情况检定，得出相应的尺长方程式。在整理成果时，按此尺长方程式进行尺长改正。

5. 钢尺不水平的误差

用平量法丈量时，钢尺不水平，会使所量距离增大。对于30m的钢尺，如果目估尺子水平误差为0.5m（倾角约1°），由此产生的量距误差为4mm。因此，用平量法丈量时应尽可能使钢尺水平。

精密量距时，测出尺段两端点的高差，进行倾斜改正，可消除钢尺不水平的影响。

6. 丈量误差

钢尺端点对不准、测钎插不准、尺子读数不准等引起的误差都属于丈量误差。这种误差对丈量结果的影响可正可负，大小不定。在量距时应尽量认真操作，以减小丈量误差。

7. 温度改正

钢尺的长度随温度变化，丈量时温度与检定钢尺时温度不一致，或测定的空气温度与钢尺温度相差较大，都会产生温度误差。所以，精度要求较高的丈量，应进行温度改正，并尽可能用点温计测定尺温，或尽可能在阴天进行，以减小空气温度与钢尺温度的差值。

任务九　视距测量

视距测量是用望远镜内的视距丝装置，根据光学原理同时测定距离和高差的一种方法。这种方法具有操作方便、速度快、一般不受地形限制等优点。虽然精度较低（普通视距测量仅能达到1/200~1/300的精度），但能满足测定碎部点位置的精度要求，所以视距测量被广泛地应用于地形测图中。

一、视距测量原理

视距测量所用的仪器主要有经纬仪、水准仪和平板仪等。进行视距测量，要用到视距丝和视距尺。视距丝即望远镜内十字丝平面上的上下两根短丝，它与横丝平行且等距离，如图1-38所示。视距尺是有刻划的尺子，和水准尺基本相同。

1. 视线水平时的水平距离和高差公式

如图1-39所示，在 A 点安置经纬仪，在 B 点竖立视距尺，用望远镜照准视距尺，当望远镜视线水平时，视线与尺子垂直。如果视距尺上 M、N 点成像在十字丝分划板上的两根视距丝 m、n 处，那么视距尺上 MN 的长度，可由

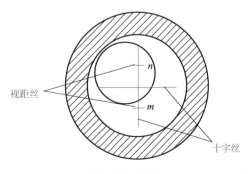

图1-38　视距丝

上、下视距丝读数之差求得。上、下视距丝读数之差称为视距间隔或尺间隔，用 l 表示。

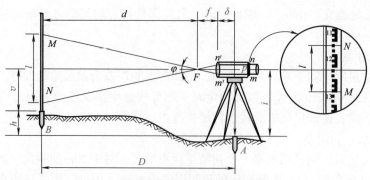

图1-39　视线水平时的视距测量

在图1-39中，$p = \overline{mn}$ 为上、下视距丝的间距，$l = \overline{MN}$ 为视距间隔，f 为物镜焦距，δ 为物镜中心到仪器中心的距离。由相似 $\triangle m'Fn'$ 和 $\triangle MFN$ 可得

$$\frac{d}{l} = \frac{f}{p}, \text{ 即 } d = \frac{f}{p}l$$

因此，由图1-39得

$$D = d + f + \delta = \frac{f}{p}l + f + \delta$$

令 $K = \dfrac{f}{p}$，$C = f + \delta$，则有

$$D = Kl + C \tag{1-27}$$

式中　K——视距乘常数，通常 $K=100$；

　　　C——视距加常数。

式（1-27）是用外对光望远镜进行视距测量时计算水平距离的公式。对于内对光望远镜，其加常数 C 值接近零，可以忽略不计，故水平距离为

$$D = Kl = 100l \tag{1-28}$$

同时，由图1-39可知，A、B 两点间的高差 h 为

$$h = i - v \tag{1-29}$$

式中　i——仪器高，m；

　　　v——十字丝中丝在视距尺上的读数，即中丝读数，m。

2. 视线倾斜时的水平距离和高差公式

在地面起伏较大的地区进行视距测量时，必须使望远镜视线处于倾斜位置才能瞄准尺子。此时，视线便不垂直于竖立的视距尺尺面，因此式（1-27）和式（1-28）不能适用。下面介绍视线倾斜时的水平距离和高差的计算公式。

如图1-40所示，如果把竖立在 B 点上视距尺的尺间隔 MN，换算成与视线相垂直的尺间隔 $M'N'$，就可用式（1-28）计算出倾斜距离 L。然后再根据 L 和竖直角 α，算出水平距离 D 和高差 h。

从图1-40可知，在 $\triangle EM'M$ 和 $\triangle EN'N$ 中，由于 φ 角很小（约34′），可把 $\angle EM'M$ 和 $\angle EN'N$ 视为直角。而 $\angle MEM'=\angle NEN'=\alpha$，因此

$$M'N'=M'E+EN'=ME\cos\alpha+EN\cos\alpha$$
$$=(ME+EN)\cos\alpha=MN\cos\alpha$$

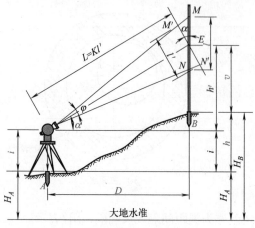

图1-40　视线倾斜时的视距测量

式中，$M'N'$就是假设视距尺与视线相垂直时的尺间隔l'，MN是尺间隔l，所以

$$l' = l\cos\alpha \tag{1-30}$$

将式（1-30）代入式（1-28），得倾斜距离L：

$$L = Kl' = Kl\cos\alpha$$

因此，A、B两点间的水平距离为

$$D = L\cos\alpha = Kl\cos^2\alpha \tag{1-31}$$

式（1-31）为视线倾斜时水平距离的计算公式。

由图1-40可以看出，A、B两点间的高差h为

$$h = h' + i - v$$

式中，h'为高差主值（也称初算高差）。由于

$$h' = L\sin\alpha = Kl\cos\alpha\sin\alpha = \frac{1}{2}Kl\sin 2\alpha \tag{1-32}$$

所以

$$h = \frac{1}{2}Kl\sin 2\alpha + i - v \tag{1-33}$$

式（1-33）为视线倾斜时高差的计算公式。

二、视距测量的施测与计算

1. 视距测量的施测

① 如图1-40所示，在A点安置经纬仪，量取仪器高i为1.45m，在B点竖立视距尺。

② 盘左（或盘右）位置，转动照准部瞄准B点视距尺，分别读取上、下、中三丝读数，并算出尺间隔l。

③ 转动竖盘指标水准管微动螺旋，使竖盘指标水准管气泡居中，读取竖盘读数，并计算竖直角α。

④ 根据尺间隔l、竖直角α、仪器高i及中丝读数v，计算水平距离D和高差h。

2. 视距测量的计算

[例1-1] 以表1-9中的已知数据和测点1的观测数据为例，仪器高i为1.45m，H_A为45.37m，计算A、1两点间的水平距离和1点的高程。

表1-9　视距测量记录与计算手簿

测点	下丝读数/m 上丝读数/m 视距间隔l/m	中丝读数v/m	竖盘读数L/(° ′ ″)	竖直角α/(° ′ ″)	水平距离D/m	初算高差h'/m	高差h/m	高程H/m	备注
1	2.237 0.663 1.574	1.450	87　41　12	+2　18　48	157.14	+6.35	+6.35	+51.72	盘左位置

[解]　$D_{A1} = Kl\cos^2\alpha = 100 \times 1.574 \times [\cos(+2°18'48'')]^2 \approx 157.14$（m）

$h_{A1} = \frac{1}{2}Kl\sin 2\alpha + i - v$

$= \frac{1}{2} \times 100 \times 1.574 \times \sin[2 \times (2°18'48'')] + 1.45 - 1.450 \approx +6.35$（m）

$H_1 = H_A + h_{A1} = 45.37\text{m} + 6.35\text{m} = +51.72\text{m}$

视距测量记录与计算如表1-9所示。

三、视距测量的误差来源及消减方法

1. 用视距丝读取尺间隔的误差及消减方法

读取视距尺间隔的误差是视距测量误差的主要来源，因为视距尺间隔乘以常数100，其误差也随之扩大100倍。因此，读数时注意消除视差，认真读取视距尺间隔。另外，对于一定的仪器来讲，应尽可能缩短视距长度。

2. 竖直角测定误差及消减方法

从视距测量原理可知，竖直角误差对于水平距离影响不显著，而对高差影响较大，故用视距测量方法测定高差时应注意准确测定竖直角。读取竖盘读数时，应严格令竖盘指标水准管气泡居中。对于竖盘指标差的影响，可采用盘左、盘右观测取竖直角平均值的方法来消除。

3. 标尺倾斜误差及消减方法

标尺立不直，前后倾斜将给视距测量带来较大误差，其影响随着尺子倾斜度和地面坡度的增加而增加。因此标尺必须严格铅直（尺上应有水准器），特别是在山区作业时。

4. 外界条件的影响及消减方法

（1）大气垂直折光 由于视线通过的大气密度不同而产生垂直折光差，而且视线越接近地面，垂直折光差的影响也越大，因此观测时应使视线离开地面至少1m以上（上丝读数不得小于0.3m）。

（2）空气对流使成像不稳定 这种现象在视线通过水面和接近地表时较为突出，特别在烈日下更为严重。因此应选择合适的观测时间，尽可能避开大面积水域。

此外，视距乘常数 K 的误差、视距尺分划误差等都将影响视距测量的精度。

二维码1-8
距离测量习题

单元四   全站仪的使用

全站仪在一个测站点能快速进行三维坐标测量、定位和自动数据采集、处理、存储等工作，较完善地实现了测量和数据处理过程的电子化与一体化，在工程测量、建筑施工测量放线和变形观测等领域发挥出越来越重要的作用。本单元主要介绍全站仪的基本构成、全站仪基本原理等基础性知识，及在已知测站点与定向点坐标条件下对待测点测量的内容。

任务十   全站仪使用

一、全站仪简介

1. 全站仪的结构

全站仪又称为全站型电子速测仪。全站仪的型号很多，但各种型号的基本结构大致相

同。下面以南方测绘仪器公司生产的NTS-552为例来介绍全站仪的构造，如图1-41所示。

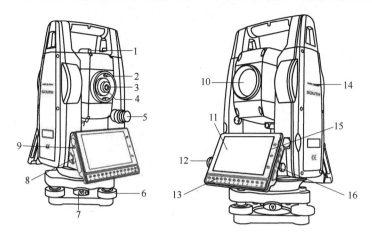

二维码1-9
全站仪的介绍

图1-41　全站仪的构造

1—粗瞄器；2—物镜调焦螺旋；3—目镜；4—目镜调焦螺旋；5—竖直制动和微动螺旋；6—脚螺
旋；7—基座锁定钮；8—电缆接口；9—接口；10—物镜；11—液晶显示屏；12—水平制动和微动螺
旋；13—数字按键；14—仪器中心标志；15—触屏主控键；16—功能键

2. 反射棱镜

全站仪在进行距离测量等作业时，须在目标处放置反射棱镜。反射棱镜有单棱镜组和三棱镜组，可通过基座连接器将棱镜连接在基座上并安置到三脚架上，也可直接安置在对中杆上。棱镜组由用户根据作业需要自行配置。南方测绘仪器公司所生产的棱镜组如图1-42所示。

二、按键功能及测量模式

全站仪的种类很多，功能各异，操作方法也不尽相同，但全站仪的测角、测边及测定高差的基本测量功能却大同小异。要想掌握一种全站仪的测量方法，首先要熟悉它的界面及其功能，南方NTS-552系列全站仪的菜单主界面如图1-43所示。键盘上各显示符号的意义如表1-10所示。

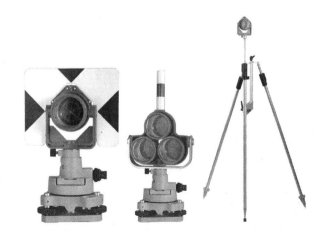

二维码1-10
全站仪的键盘介绍

图1-42　全站仪反射棱镜

图1-43　全站仪菜单主界面

表1-10　键盘各符号意义

符　号	内　容	符　号	内　容
V	竖直角	E	东向坐标
HA	水平角	Z	高程
V%	竖直角(坡度显示)	m	以米为距离单位
HR	水平角(右角)	ft	以英尺[1]为距离单位
HL	水平角(左角)	dms	以度、分、秒为角度单位
R/L	HR/HL的切换	gon	以哥恩[2]为角度单位
HD	水平距离	mil	以密位[3]为角度单位
VD	高差	PSM	棱镜常数(以mm为单位)
SD	斜距	PPM	大气改正值
N	北向坐标		

[1] 1英尺（ft）=0.3048m。

[2] 1哥恩（gon）=0.9°=54′。

[3] 1密位（mil）=0.06°

常用快捷功能图标如下：

⭐：该键为快捷功能键，点击该键或在主菜单界面左侧边缘向右滑动可唤出该功能键的快捷设置，包含激光指示、十字丝照明、激光下对点、温度气压设置；

🗄：该键为数据功能键，包含点数据、编码数据及数据图形；

C：该键为测量模式键，可设置N次测量、连续精测或跟踪测量；

N：该键为合作目标键，可设置目标为反射板、棱镜或无合作；

OFF：该键为电子气泡键，可设置X轴、XY轴补偿或关闭补偿。

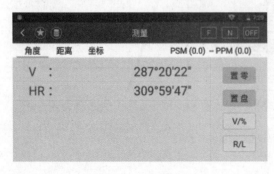

图1-44　角度测量模式

1. 测角模式

（1）角度测量模式（图1-44）

【置零】：将当前水平角度设置为零，设置后将需要重新进行后视设置。

【置盘】：通过输入设置当前的角度值，设置后将需要重新设置后视。

【V/%】：竖直角显示在普通和百分比之间进行切换。

【R/L】：水平角显示在左角和右角之间转换。

（2）距离测量模式（图1-45）

SD：显示斜距值。HD：显示水平距离值。VD：显示垂直距离值。
【测量】：开始进行距离测量。

（3）坐标测量模式（图1-46）

【镜高】：输入当前的棱镜高。

【仪高】：进入输入仪器高界面，设置后需要重新定后视。

【建站】：点击进入到输入测站点和后视点坐标的界面，设置后需要重新定后视。

【测量】：开始进行测量。

二维码1-11
全站仪坐标
测量及放样

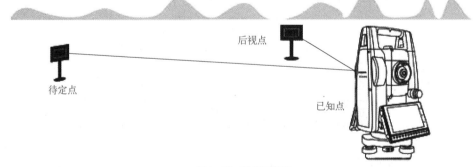

图1-45　距离测量模式　　　　　　　　图1-46　坐标测量模式

2. 建站

（1）用途　确定测量坐标系统，如图1-47所示。

（2）建站操作步骤

① 在主菜单点击"建站"键，选择"已知点建站"功能，如图1-48所示。

② 设置测站点，通过【+】调用或新建一个已知点作为测站点。输入仪高和镜高。

图1-47　建站示意图

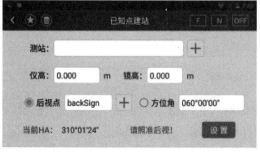

图1-48

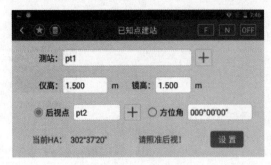

图1-48 已知点建站操作图

③ 输入后视点,通过【+】可以调用或新建一个已知点作为后视点。照准后视,点击"设置"键完成建站。

3. 后方交会

(1)用途 仅在待定点上设站,测量两个及以上的控制点的水平角及距离信息,从而计算待定点的坐标,如图1-49所示。

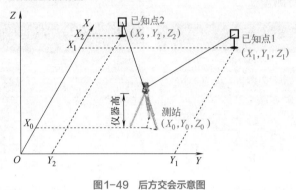

图1-49 后方交会示意图

(2)后方交会操作步骤

① 在主菜单点击"建站"键,选择"后方交会"功能,如图1-50所示。

图1-50 后方交会操作图

② 选择"测量"选项,进行第一个控制点的输入和测量工作。在"点名"一栏输入控制点点名,"镜高"一栏输入棱镜高度, 然后对准棱镜选择"测角&测距",点击"完成"。

③ 继续上述操作,完成第二点或更多点的输入测量工作,完成之后,点击下方"计

算"，跳转至数据界面。

4. 采集

采集示意图如图1-51所示。

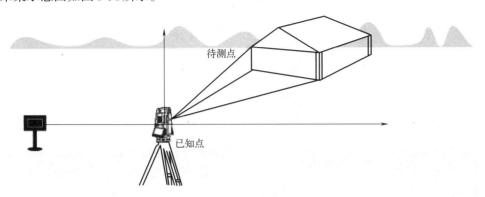

图1-51　采集示意图

采集操作步骤如下：

① 建站完成后，在主菜单点击"采集"，选择"点测量"进入点采集界面，开始测量，如图1-52所示。

② 点击"数据"键显示当次测量的详细信息（下同）。

③ 点击"图形"键显示当前坐标点的位置图形（下同）。

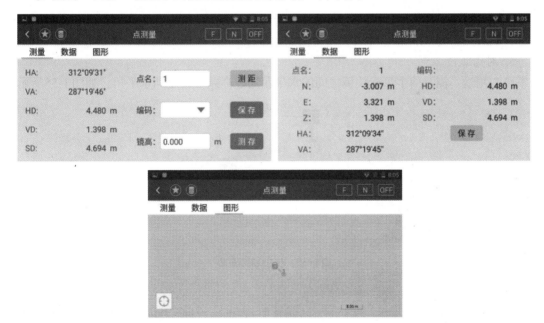

图1-52　采集操作图

5. 距离偏心

（1）用途　通过输入目标点偏离反射棱镜的前后左右的偏心水平距离，即可测定该目标点的位置，如图1-53所示。

（2）距离偏心测量操作　如图1-54所示。

① 主菜单选择"采集"，进入"距离偏心"。

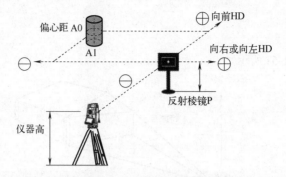

图1-53　距离偏心示意图

图1-54　距离偏心操作图

②　对准棱镜，在下方"左/右、前/后、上/下"各栏输入各个方向上棱镜与待测点的偏差值，然后点击测量/测存，即可获得待测点的坐标。

6. 对边测量

（1）用途　测量两个目标棱镜之间的水平距离、高差、斜距和水平角，如图1-55所示。

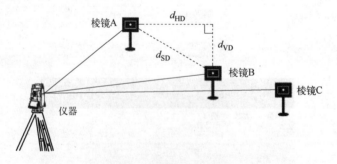

图1-55　对边测量示意图

（2）对边测量操作步骤

①　主菜单选择"采集"，进入"对边测量"。点击锁定键，即始终将第一点作为起算点（如不锁定，则以上一个点作为起算点），如图1-56所示。

②　点击"测量"，将镜头对准测量点，点击"测角&测距"，保存，再点击"完成"返回上一界面。

③　将镜头对准第三个点，点击"测量"，屏幕中间显示的为起始点与该点之间的距离信息。

7. 放样

放样示意图如图1-57所示。

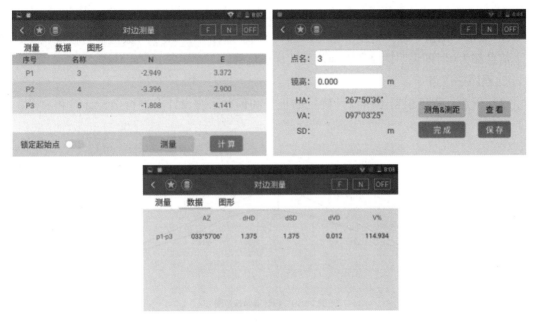

图1-56 对边测量操作图

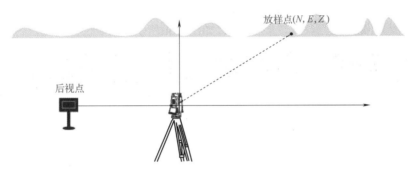

图1-57 放样示意图

放样操作步骤如下：

① 在建站完成后，在主菜单点击"放样"键，选择"点放样"，进入对目标点的放样操作，如图1-58所示。

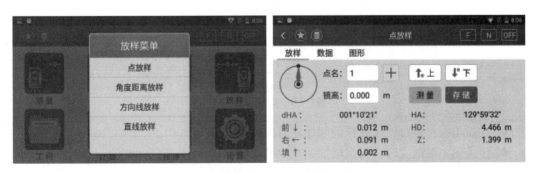

图1-58 放样操作图

② 点击【+】，选择调用或者新建一个点。

③ 转动仪器至"dHA"一行显示0dms，即说明放样的点在该视准线上。

④ 点击"测量"键，根据屏幕显示的"前↓""右←""填↑"数值进行棱镜调整，当三个信息都为0时即说明棱镜所在地就是放样点位置。

8. 程序—道路

（1）用途　程序根据道路设计确定的桩号和偏差来对设计点进行坐标计算和放样，如图1-59所示。

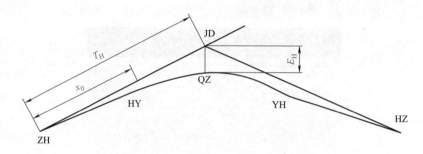

图1-59　设计道路示意图

（2）操作步骤

① 主菜单选择"程序"，进入子菜单选择"道路"。通过【+】选择文件路径，导入道路设计文件，输入相关参数，点击"下一步"，如图1-60所示。

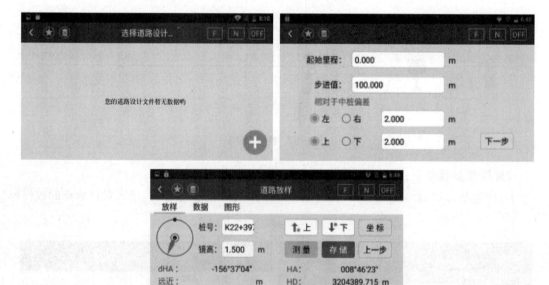

图1-60　设计道路操作图

◆ 起始里程：进行连续放样的起始位置。

◆ 步进值：在放样时，每次增加或减少的里程值。

◆ 左/右：垂直于道路，距离道路中心点的左右偏差。

◆ 上/下：放样点与道路中线上的设计点的高程差值。

② 完成初步的设置，开始进入放样界面，通过上/下按钮选择放样点，利用坐标按键查

看当前放样点坐标，详细操作见放样。

9. 计算

面积计算操作步骤如下：

① 在主菜单界面选择"计算"界面，下拉子菜单栏至面积周长计算。

② 进入面积周长计算界面，根据下方按键提示添加/插入所需点号，计算面积周长，如图1-61所示。

③ 点号添加完成后，点击"计算"键，根据列表中的点计算面积、周长。面积的计算遵循先后链接顺序，可通过下方按键的上移/下移操作，确定需要计算的图形。

④ 在"结果"中显示当前数据的计算结果。

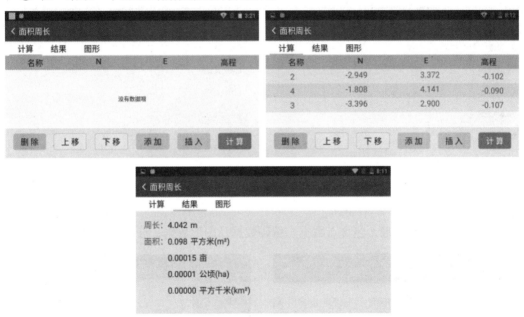

图1-61　面积计算操作图

10. 设置

设置程序菜单中，设置分为两类，以下说明为第二类，修改会影响到所有的项目。

（1）单位设置（图1-62）

进行单位的设置。单位和具体的项目相关，涵盖角度、距离、温度、气压等单位设置，因需选择。

（2）角度相关设置（图1-63）

图1-62　单位设置图

图1-63　角度设置图

① 角度最小读数：角度显示精度（仅高精度仪器）。

② 垂直零位：设置当前项目竖直角度显示为天顶零或者水平零。

③ 倾斜补偿：设置是否开启自动补偿。

（3）距离相关设置（图1-64）

① 距离最小读数：距离显示精度（仅高精度仪器）。

② 两差改正：设置当前项目对大气折光和地球曲率的影响进行改正的参数。

（4）坐标相关设置（图1-65）

设置坐标相关的参数。坐标顺序：根据区域差异设置显示顺序为NEZ或ENZ。

图1-64　距离设置图　　　　　　图1-65　坐标设置图

11. 数据（图1-66）

① 为数据功能键，包含点数据、编码数据及图形数据；点击进入数据库界面。

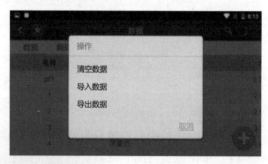

图1-66　　数据设置图

② 右上角功能键具有清空数据、导入数据及导出数据功能，可根据需要自行选择导入或导出的文件路径。导出格式为*.data、*.txt等。

③ 点击数据列表，弹出操作界面，可查看点的详细信息及对数据点进行编辑。

二维码1-12
全站仪基本操作

二维码1-13
全站仪使用步骤流程

二维码1-14
全站仪的使用习题

【精进不休】

精密施工测量　智能技术发展

　　建筑业作为我国国民经济发展的支柱产业之一，长期以来为国民经济的发展做出了突出的贡献。特别是进入21世纪以后，建筑业发生了巨大的变化，各种高、大、重、深、特的工程建设不断增多，我国的建筑施工技术水平跻身于世界先进行列，这些都向工程测量提出了新的任务和更高的要求。诸如自动跟踪全站仪、电子数字水准仪，智能机器人，RTK技术、建筑三维扫描等精密工程测量技术，根本性地改变了工程测量的面貌，提高了作业效率和测量精度，取得了较好的社会效益和经济效益。

　　我国北斗卫星导航定位支持载重无人机以及物流车等运输工具对物资的精准投放；车载定位终端向入网车辆推送信息，推荐道路行驶及运输服务信息。在工程项目的紧急施工建设中，基于我国北斗卫星导航系统的高精度定位设备确保工地迅速装备完成，为工程项目的施工争取宝贵时间。

　　科学在发展，社会在进步，在信息时代的大背景下，我国的工程测量技术不断发展，取得了优异的成绩，而作为建筑业工程测量从业人员，应该再接再厉，学好测量本领，投身到祖国的强国伟业之中！

控制测量

知识目标

- 熟悉直线定向及坐标方位角；
- 熟悉坐标计算的正算与反算；
- 熟悉平面控制测量的方法；
- 掌握高程控制测量的方法。

技能目标

- 会进行直线坐标方位角的计算；
- 能进行点的测设数据的计算；
- 会进行平面控制测量；
- 能进行高程控制测量。

素质目标

- 能相互协作学习、讨论，学会团队合作，并在小组学习中构建自己的知识体系；
- 具备测量规范和安全的意识，端正实事求是的科学态度；
- 培养、具备爱护测量仪器的职业素养和精益求精的工匠精神；
- 培养自觉遵守法律、法规以及技术标准化的习惯。

项目导读

由于测量的误差具有累积性，为了减少误差的积累，按照测量的"从整体到局部，先控制后碎部"原则，测量工作必须先建立控制网，然后根据控制网进行碎部测量或测设。在测区的范围内选定一些对整体具有控制作用的点，称为控制点。这些控制点连接起来组成了一个网状结构，称为控制网。用精密仪器和严密的方法精确测定各控制点位置的工作称为控制测量。控制测量包括平面控制测量和高程控制测量，平面控制测量用来测定控制点的平面坐标 (x, y)，高程控制测量用来测定控制点的高程 (H)。

本项目主要介绍坐标计算、平面控制测量和高程控制测量的常用方法和计算。

单元一　坐标计算

确定点的平面位置即确定点的坐标，而坐标计算是点的平面位置测量中必不可少的一项计算。本单元主要介绍直线定向和坐标的正算和反算。

任务一　直线定向

确定地面上两点之间的相对位置，除了需要测定两点之间的水平距离外，还需确定两点所连直线的方向。一条直线的方向，是根据某一标准方向来确定的。确定直线与标准方向之间的关系，称为直线定向。

一、标准方向

1. 真子午线方向

通过地球表面某点的真子午线的切线方向，称为该点的真子午线方向。真子午线方向可用天文测量方法测定。

2. 磁子午线方向

磁子午线方向是在地球磁场作用下，磁针在某点自由静止时其轴线所指的方向。磁子午线方向可用罗盘仪测定。

3. 坐标纵轴方向

在高斯平面直角坐标系中，坐标纵轴线方向就是地面点所在投影带的中央子午线方向。在同一投影带内，各点的坐标纵轴线方向是彼此平行的。

二、方位角

测量工作中，常采用方位角表示直线的方向。从直线起点的标准方向北端起，沿顺时针方向量至该直线的水平夹角，称为该直线的方位角。方位角取值范围是0°~360°。因标准方向有真子午线方向、磁子午线方向和坐标纵轴方向之分，对应的方位角分别称为真方位角（用A表示）、磁方位角（用A_{m}表示）和坐标方位角（用α表示）。

三、三种方位角之间的关系

标准方向的选择不同，使得一条直线有不同的方位角，如图2-1所示。过1点的真北方向与磁北方向之间的夹角称为磁偏角，用δ表示。过1点的真北方向与坐标纵轴北方向之间的夹角称为子午线收敛角，用γ表示。

δ和γ前的符号规定相同：当磁北方向或坐标纵轴北方向在真北方向东侧时，δ和γ前的符号为"+"；当磁北方向或坐标纵轴北方向在真北方向西侧时，δ和γ前的符号为"–"。同一直线的三种方位角之间的关系为：

$$A = A_{\mathrm{m}} + \delta \tag{2-1}$$

$$A = \alpha + \gamma \tag{2-2}$$

$$\alpha = A_{\mathrm{m}} + \delta - \gamma \tag{2-3}$$

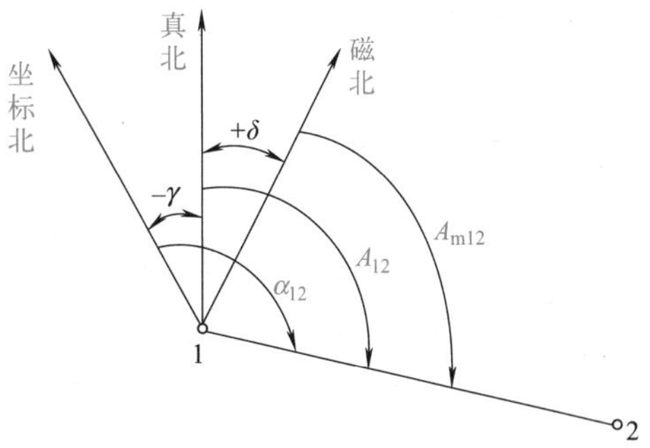

四、坐标方位角的推算

1. 正、反坐标方位角

如图2-2所示，以A为起点、B为终点的直线AB的坐标方位角α_{AB}，称为直线AB的坐标

图2-1　三种方位角之间的关系

方位角。而直线 BA 的坐标方位角 α_{BA}，称为直线 AB 的反坐标方位角。由图2-2可以看出正、反坐标方位角间的关系为

$$\alpha_{AB} = \alpha_{BA} \pm 180° \qquad (2-4)$$

2. 坐标方位角的推算

在实际工作中并不需要测定每条直线的坐标方位角，而是通过与已知坐标方位角的直线联测，推算出各直线的坐标方位角。如图2-3所示，已知直线12的坐标方位角 α_{12}，观测了水平角 β_2 和 β_3，要求推算直线23和直线34的坐标方位角。

由图2-3可以看出：

$$\alpha_{23} = \alpha_{21} - \beta_2 = \alpha_{12} + 180° - \beta_2$$
$$\alpha_{34} = \alpha_{32} + \beta_3 + 360° = \alpha_{23} - 180° + \beta_3$$

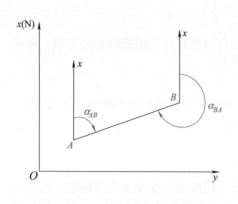

图2-2　正、反坐标方位角

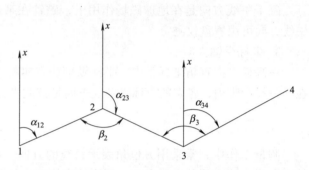

图2-3　坐标方位角的推算

因 β_2 在推算路线前进方向的右侧，该转折角称为右角；β_3 在左侧，称为左角。从而可归纳出推算坐标方位角的一般公式为

$$\alpha_{前} = \alpha_{后} - 180° + \beta_{左} \qquad (2-5)$$
$$\alpha_{前} = \alpha_{后} + 180° - \beta_{右} \qquad (2-6)$$

计算中，如果 $\alpha_{前} > 360°$，应自动减去 $360°$；如果 $\alpha_{前} < 0°$，则自动加上 $360°$。

五、象限角

1. 象限角的定义

由坐标纵轴的北端或南端起，沿顺时针或逆时针方向量至直线的锐角，称为该直线的象限角，用 R 表示，其角值范围为 $0° \sim 90°$。如图2-4所示，直线 $O1$、$O2$、$O3$ 和 $O4$ 的象限角分别为北东 R_{O1}、南东 R_{O2}、南西 R_{O3} 和北西 R_{O4}。

图2-4　象限角

2. 坐标方位角与象限角的换算关系

由图2-5可以看出坐标方位角 α 与象限角 R 的换算关系：

在第 I 象限，$\alpha = R$　　　在第 II 象限，$\alpha = 180° - R$

在第 III 象限，$\alpha = 180° + R$　　　在第 IV 象限，$\alpha = 360° - R$

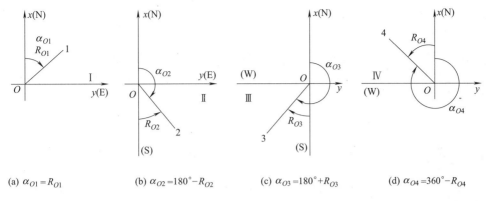

(a) $\alpha_{O1} = R_{O1}$ (b) $\alpha_{O2} = 180° - R_{O2}$ (c) $\alpha_{O3} = 180° + R_{O3}$ (d) $\alpha_{O4} = 360° - R_{O4}$

图2-5 坐标方位角与象限角的换算关系

任务二 坐标的计算

一、坐标正算

根据直线起点的坐标、直线长度及其坐标方位角计算直线终点的坐标，称为坐标正算。如图2-6所示，已知直线AB起点A的坐标为(x_A, y_A)，AB边的边长及坐标方位角分别为D_{AB}和α_{AB}，需计算直线终点B的坐标。

直线两端点A、B的坐标值之差，称为坐标增量，用Δx_{AB}、Δy_{AB}表示。由图2-6可看出坐标增量的计算公式为

$$\begin{cases} \Delta x_{AB} = x_B - x_A = D_{AB} \cos \alpha_{AB} \\ \Delta y_{AB} = y_B - y_A = D_{AB} \sin \alpha_{AB} \end{cases} \quad (2\text{-}7)$$

根据式（2-7）计算坐标增量时，sin和cos函数值随着α角所在象限不同而有正负之分，因此算得的坐标增量同样具有正、负号。坐标增量正、负号的规律如表2-1所示。

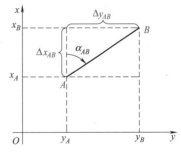

图2-6 坐标增量计算

表2-1 坐标增量正、负号的规律

象限	坐标方位角 α	Δx	Δy
I	0°~90°	+	+
II	90°~180°	−	+
III	180°~270°	−	−
IV	270°~360°	+	−

B点坐标的计算公式为

$$\begin{cases} x_B = x_A + \Delta x_{AB} = x_A + D_{AB} \cos \alpha_{AB} \\ y_B = y_A + \Delta y_{AB} = y_A + D_{AB} \sin \alpha_{AB} \end{cases} \quad (2\text{-}8)$$

二、坐标反算

根据直线起点和终点的坐标，计算直线的边长和坐标方位角，称为坐标反算。如图2-6所示，已知直线AB两端点的坐标分别为(x_A, y_A)和(x_B, y_B)，则直线边长D_{AB}和坐标方位角α_{AB}的计算公式为

$$D_{AB} = \sqrt{\Delta x_{AB}^2 + \Delta y_{AB}^2} \qquad (2-9)$$

$$\alpha_{AB} = \arctan \frac{\Delta y_{AB}}{\Delta x_{AB}} \qquad (2-10)$$

二维码2-2
坐标计算习题

应该注意的是坐标方位角的角值范围在0°～360°间，而arctan函数的角值范围在–90°～+90°间，两者是不一致的。按式（2-10）计算坐标方位角时，计算出的是象限角，因此，应根据坐标增量Δx、Δy的正、负号，按表2-1决定其所在象限，再把象限角换算成相应的坐标方位角。

单元二　平面控制测量

在进行建筑工程测量工作时，先在测区范围内的适当位置选择一些点，并埋设标桩，然后用较精密的测量仪器精确测得细部点的平面位置和高程，并以这些点为基础，测定其他碎部点的平面位置和高程。在测区范围内选择若干有控制意义的点（称为控制点），按一定的规律和要求构成网状几何图形，称为控制网。控制网分为平面控制网和高程控制网。控制网有国家控制网、城市控制网和小地区控制网等。

平面控制测量常用的方法有三角测量和导线测量。常用的布网方法有三角网方法和导线网方法。本单元主要介绍通过导线进行平面控制测量和通过GPS定位进行平面控制测量。

任务三　通过导线进行平面控制测量

将测区内相邻控制点用直线连接而构成的折线图形，称为导线。构成导线的控制点，称为导线点。导线测量就是依次测定各导线边的长度和各转折角值，再根据起算数据，推算出各边的坐标方位角，从而求出各导线点的坐标。

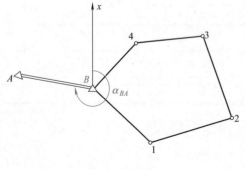

图2-7　闭合导线

导线测量是建立小地区平面控制网常用的一种方法，特别是在地物分布复杂的建筑区、视线障碍较多的隐蔽区和带状地区，多采用导线测量的方法。

用经纬仪测量转折角，用钢尺测定导线边长的导线，称为经纬仪导线；若用光电测距仪测定

导线边长，则该导线称为光电测距导线。

一、导线的布设形式

1. 闭合导线

如图2-7所示，导线从已知控制点B和已知方向BA出发，经过1、2、3、4最后仍回到起点B，形成一个闭合多边形，这样的导线称为闭合导线。闭合导线本身存在着严密的几何条件，具有检核作用。

2. 附合导线

如图2-8所示，导线从已知控制点B和已知方向AB出发，经过1、2、3点，最后附合到另一已知点C和已知方向CD上，这样的导线称为附合导线。这种布设形式，具有检核观测成果的作用。

图2-8　附合导线

3. 支导线

由一已知点和已知方向出发，既不附合到另一已知点，又不回到原起始点的导线，称为支导线。如图2-9所示，A为已知控制点，α_{AB}为已知方向，1、2为支导线点。

二、导线测量的等级与技术要求

经纬仪导线、光电测距导线的等级与技术要求分别见表2-2、表2-3。

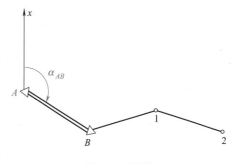

图2-9　支导线

表2-2　经纬仪导线的等级与技术要求

等级	测图比例尺	附合导线长度/m	平均边长/m	往返丈量差相对误差	测角中误差/(″)	导线全长相对闭合差	测回数 DJ₂	测回数 DJ₆	方位角闭合差/(″)
一级	—	2500	250	≤1/20000	≤±5	≤1/10000	2	4	≤±10$\sqrt{n}$
二级	—	1800	180	≤1/15000	≤±8	≤1/7000	1	3	≤±16$\sqrt{n}$
三级	—	1200	120	≤1/10000	≤±12	≤1/5000	1	2	≤±24$\sqrt{n}$
图根	1:500	500	75	—	—	≤1/2000	—	1	≤±60$\sqrt{n}$
图根	1:1000	1000	110	—	—	≤1/2000	—	1	≤±60$\sqrt{n}$
图根	1:2000	2000	180	—	—	≤1/2000	—	1	≤±60$\sqrt{n}$

注：n为测站数。图根为用于测绘地形图碎部的控制导线。

表2-3　光电测距导线的等级与技术要求

等级	测图比例尺	附合导线长度/m	平均边长/m	测距中误差/mm	测角中误差/(″)	导线全长相对闭合差	测回数 DJ₂	测回数 DJ₆	方位角闭合差/(″)
一级	—	3600	300	≤±15	≤±5	≤1/14000	2	4	≤±10$\sqrt{n}$
二级	—	2400	200	≤±15	≤±8	≤1/10000	1	3	≤±16$\sqrt{n}$

续表

等级	测图比例尺	附合导线长度/m	平均边长/m	测距中误差/mm	测角中误差/(″)	导线全长相对闭合差	测回数 DJ₂	测回数 DJ₆	方位角闭合差/(″)
三级	—	1500	120	≤±15	≤±12	≤1/6000	1	2	≤±24$\sqrt{n}$
图根	1:500	900	80						
	1:1000	1800	150			≤1/4000	—	1	≤±40$\sqrt{n}$
	1:2000	3000	250						

注：n为测站数。

三、图根导线测量的外业工作

1. 踏勘选点

在选点前，应先收集测区已有地形图和已有高级控制点的成果资料，将控制点展绘在原有地形图上，然后在地形图上拟定导线布设方案，最后到野外踏勘，核对、修改、落实导线点的位置，并建立标志。

选点时应注意下列事项：

① 相邻点间应相互通视良好，地势平坦，便于测角和量距。

② 点位应选在土质坚实，便于安置仪器和保存标志的地方。

③ 导线点应选在视野开阔的地方，便于碎部测量。

④ 导线边长应大致相等，其平均边长应符合表2-2要求。

⑤ 导线点应有足够的密度，分布均匀，便于控制整个测区。

2. 建立标志

（1）临时性标志　导线点位置选定后，要在每一点位上打一个木桩，在桩顶钉一小钉，作为点的标志，或在水泥地面上用红漆画一圆，圆内点一小点，作为临时标志。

（2）永久性标志　需要长期保存的导线点应埋设混凝土桩。桩顶嵌入带"+"字的金属标志，作为永久性标志。

四、导线测量的内业计算

导线测量内业计算的目的就是计算各导线点的平面坐标x、y。

计算之前，应先全面检查导线测量外业记录、数据是否齐全，有无记错、算错，成果是否符合精度要求，起算数据是否准确。然后绘制计算略图，将各项数据注在图上的相应位置，如图2-10所示。

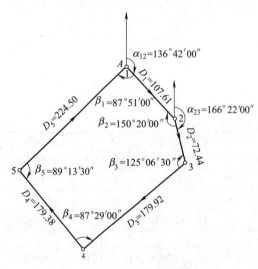

图2-10　闭合导线略图

现以图2-10图根导线的数据为例，结合"闭合导线坐标计算表"的使用，说明闭合导线坐标计算的步骤。

1. 准备工作

将校核过的外业观测数据及起算数据填入"闭合导线坐标计算表"中，见表2-4，起算数据（已知数据）下方划单线标明。

表2-4　闭合导线坐标计算表

点号	观测角（右角）β_i/(° ′ ″)	改正数 v_β/(″)	改正后角值 $\beta_{i改}$/(° ′ ″)	坐标方位角 α_i/(° ′ ″)	边长 D_i/m	坐标增量/m		改正后坐标增量/m		坐标/m	
						Δx	Δy	$\Delta x_改$	$\Delta y_改$	x	y
1	2	3	4	5	6	7	8	9	10	11	12
1(A)	87 51 12	−12	87 51 00	136 42 00	107.61	−2 −78.32	−3 +73.80	−78.34	+73.77	800.00	1000.00
2	150 20 12	−12	150 20 00	166 22 00	72.44	−1 −70.40	−2 +17.07	−70.41	+17.05	721.66	1073.77
3	125 06 42	−12	125 06 30	221 15 30	179.92	−3 −135.25	−4 −118.65	−135.28	−118.69	651.25	1090.82
4	87 29 12	−12	87 29 00	313 46 30	179.38	−3 +124.10	−4 −129.52	+124.07	−129.56	515.97	927.13
5	89 13 42	−12	89 13 30	44 33 00	224.50	−3 +159.99	−6 +157.49	+159.96	+157.43	640.04	824.57
1(A)				136 42 00						800.00	1000.00
2											
Σ	540 01 00		540 00 00		763.85	+0.12	+0.19	0	0		

辅助计算

$f_\beta = \sum \beta_m - \sum \beta_{th} = 540°01'00'' - (5-2) \times 180° = 60''$, $f_{\beta p} = \pm 60'' \sqrt{n} = \pm 60'' \times \sqrt{5} \approx \pm 134''$

$f_\beta < f_{\beta p}$，所测水平角符合要求。

$W_x = +0.12\text{m}$, $W_y = +0.19\text{m}$

$W_D = \sqrt{W_x^2 + W_y^2} = \sqrt{(+0.12)^2 + (+0.19)^2} \approx 0.294 \text{（m）}$

$W_K = \dfrac{W_D}{\sum D} = \dfrac{1}{\sum D/W_D} = \dfrac{1}{763.85/0.294} \approx \dfrac{1}{2600}$, $W_{KP} = \dfrac{1}{2000}$

$W_K < W_{KP}$，测量成果符合精度要求

2. 角度闭合差的计算与调整

（1）计算角度闭合差　如图2-10所示，n 边形闭合导线内角和的理论值为

$$\sum \beta_{th} = (n-2) \times 180° \tag{2-11}$$

式中　　n——导线边数或转折角数。

观测水平角不可避免地含有误差，致使实测的内角之和 $\sum \beta_m$ 不等于理论值 $\sum \beta_{th}$，两者之差，称为角度闭合差，用 f_β 表示，即

$$f_\beta = \sum \beta_m - \sum \beta_{th} = \sum \beta_m - (n-2) \times 180° \tag{2-12}$$

（2）计算角度闭合差的容许值　角度闭合差的大小反映了水平角观测的质量。各级导线角度闭合差的容许值 $f_{\beta p}$ 见表2-2和表2-3"方位角闭合差"一列，其中经纬仪图根导线角度闭合差的容许值 $f_{\beta p}$ 的计算公式为

$$f_{\beta p} = \pm 60'' \sqrt{n} \tag{2-13}$$

如果 $\left| f_\beta \right| > \left| f_{\beta p} \right|$，说明所测水平角不符合要求，应对水平角重新检查或重测。

如果 $\left| f_\beta \right| \leqslant \left| f_{\beta p} \right|$，说明所测水平角符合要求，可对所测水平角进行调整。

（3）计算水平角改正数　如角度闭合差不超过角度闭合差的容许值，则将角度闭合差反符号平均分配到各观测水平角中，也就是每个水平角加相同的改正数 v_β。v_β 的计算公式为

$$v_\beta = -\dfrac{f_\beta}{n} \tag{2-14}$$

计算检核：水平角改正数之和应与角度闭合差大小相等、符号相反，即 $\sum v_\beta = -f_\beta$。

（4）计算改正后的水平角 改正后的水平角 $\beta_{i改}$ 等于所测水平角加上水平角改正数：

$$\beta_{i改} = \beta_i + v_\beta \tag{2-15}$$

计算检核：改正后的闭合导线内角之和应为 $(n-2) \times 180°$，本例为 $540°$。

本例中 f_β、$f_{\beta p}$ 的计算见表2-4"辅助计算"栏，水平角的改正数 v_β 和改正后的水平角 $\beta_{i改}$ 见表2-4第3、4栏。

3. 推算各边的坐标方位角

根据起始边的已知坐标方位角及改正后的水平角，推算其他各导线边的坐标方位角。

本例观测左角，推算出导线各边的坐标方位角 α_i，填入表2-4的第5栏内。

计算检核：最后推算出起始边坐标方位角，它应与原有的起始边已知坐标方位角相等，否则应重新检查计算。

4. 坐标增量的计算及其闭合差的调整

（1）计算坐标增量 根据已推算出的导线各边的坐标方位角和相应边的边长，按式（2-7）计算各边的坐标增量。例如，导线边12的坐标增量为

$$\Delta x_{12} = D_{12} \cos \alpha_{12} = 107.61 \times \cos 136.7° \approx -78.32\,(\text{m})$$

$$\Delta y_{12} = D_{12} \sin \alpha_{12} = 107.61 \times \sin 136.7° \approx 73.80\,(\text{m})$$

用同样的方法，计算出其他各边的坐标增量值，填入表2-4的第7、8两栏的相应格内。

（2）计算坐标增量闭合差 如图2-11（a）所示，闭合导线纵、横坐标增量代数和的理论值应为零，即

$$\begin{cases} \sum \Delta x_{th} = 0 \\ \sum \Delta y_{th} = 0 \end{cases} \tag{2-16}$$

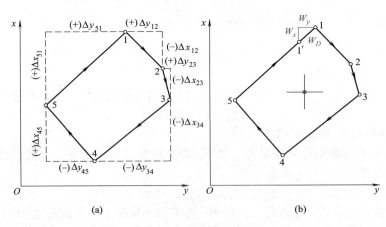

图2-11 坐标增量闭合差

实际上由于导线边长测量误差和角度闭合差调整后的残余误差，实际计算所得的 $\sum \Delta x_m$、$\sum \Delta y_m$ 不等于零，从而产生纵坐标增量闭合差 W_x 和横坐标增量闭合差 W_y，即

$$\begin{cases} W_x = \sum \Delta x_m \\ W_y = \sum \Delta y_m \end{cases} \tag{2-17}$$

（3）计算导线全长闭合差 W_D 和导线全长相对闭合差 W_K 从图2-11（b）可以看出，由于坐标增量闭合差 W_x、W_y 的存在，导线不能闭合，1-1'之长度 W_D 称为导线全长闭合差，并用式（2-18）计算：

$$W_D = \sqrt{W_x^2 + W_y^2} \tag{2-18}$$

仅从W_D值的大小还不能说明导线测量的精度，衡量导线测量的精度还应该考虑到导线的总长。将W_D与导线全长$\sum D$相比，以分子为1的分数表示，称为导线全长相对闭合差W_K，即

$$W_K = \frac{W_D}{\sum D} = \frac{1}{\sum D / W_D} \tag{2-19}$$

以导线全长相对闭合差W_K来衡量导线测量的精度，W_K的分母越大，精度越高。不同等级的导线，其导线全长相对闭合差的容许值W_{KP}参见表2-2和表2-3"导线全长相对闭合差"一列，图根导线的W_{KP}为1/2000。

如果$W_K > W_{KP}$，说明成果不合格，此时应对导线的内业计算和外业工作进行检查，必要时须重测。

如果$W_K < W_{KP}$，说明测量成果符合精度要求，可以进行调整。

本例中W_x、W_y、W_D及W_K的计算见表2-4"辅助计算"栏。

（4）调整坐标增量闭合差　调整的原则是将W_x、W_y反号，并按与边长成正比的原则，分配到各边对应的纵、横坐标增量中去。以v_{xi}、v_{yi}分别表示第i边的纵、横坐标增量改正数，即

$$\begin{cases} v_{xi} = -\dfrac{W_x}{\sum D} \times D_i \\[2mm] v_{yi} = -\dfrac{W_y}{\sum D} \times D_i \end{cases} \tag{2-20}$$

本例中导线边1-2的坐标增量改正数为

$$v_{x_{12}} = -\frac{W_x}{\sum D} \times D_{12} = -\frac{0.12}{763.85} \times 107.61 \approx -0.02 \,(\text{m})$$

$$v_{y_{12}} = -\frac{W_y}{\sum D} \times D_{12} = -\frac{0.19}{763.85} \times 107.61 \approx -0.03 \,(\text{m})$$

用同样的方法，计算出其他各导线边的纵、横坐标增量改正数，填入表2-4的第7、8栏坐标增量值相应方格的上方。

（5）计算改正后坐标增量　改正后的坐标增量=坐标增量+坐标增量改正数，即

改正后的纵坐标增量Δx=改正前的纵坐标增量Δx+纵坐标增量改正数

改正后的横坐标增量Δy=改正前的纵坐标增量Δx+横坐标增量改正数

（6）计算坐标　从起点开始计算，最后要算回到起点，即

$$x_2 = x_1 + \Delta x_{12} \qquad\qquad y_2 = y_1 + \Delta y_{12}$$

任务四　通过GPS定位进行平面控制测量

一、GPS简介

GPS是全球定位系统（global positioning system）英文名称的缩写。GPS具有定位速度快、成本低、不受天气影响、点间无需通视、不用建标等优点，并且仪器轻巧、操作方便，目前广泛应用于大地测量、工程测量、控制测量、变形观测、地基测量等方面。

二、GPS系统组成

GPS系统由GPS卫星星座、地面监控系统和用户设备三个部分组成。

（一）GPS卫星星座

GPS卫星星座由21颗工作卫星和3颗备用卫星组成。24颗卫星均匀分布在6个轨道面上，轨道倾角为55°，各个轨道平面之间相距60°，轨道高度为20200km，周期为11h58min。由于位于地平线以上的卫星颗数随着时间和地点的不同而有差异，故地面设备最少可接收到4颗卫星的信号，最多可以接收到11颗卫星的信号，如图2-12所示。

（二）地面监控系统

GPS的地面监控系统由一个主控站、三个注入站和五个监测站组成。主控站的任务是收集、处理本站和监测站收到的全部资料，编算出每颗卫星的星历和GPS时间系统；三个注入站的任务是将主控站发来的导航电文注入相应卫星的存储器；监测站的主要任务是连续观测和接收所有GPS卫星发出的信号并检测卫星的工作状况，将采集的数据和当地气象观测资料以及时间信息经处理后传送到主控站。

（三）用户设备

用户设备是指用户GPS接收机，其主要任务是捕获按一定卫星高度截止角所选择的卫星信号，并跟踪这些卫星的运行，对所接收到的GPS信号进行变换、放大和处理，测量出GPS信号从卫星到接收机天线的传播时间；解译导航电文，实时地计算出测站的三维位置，甚至三维速度和时间，如图2-13所示。

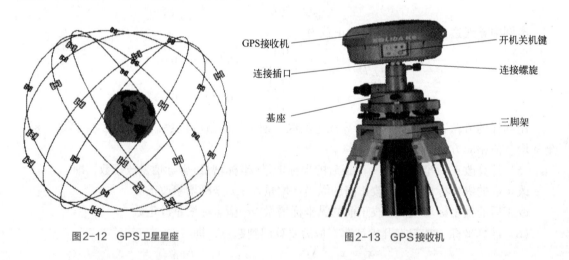

图2-12　GPS卫星星座　　　　　　　　图2-13　GPS接收机

三、GPS定位原理

GPS的定位原理：卫星不间断地发送自身的星历参数和时间信息，用户设备接收到这些信息后，经过计算求出接收机的三维位置、三维方向以及运动速度和时间信息。GPS定位按定位的结果进行分类，则可分为绝对定位和相对定位。

（一）绝对定位原理

GPS绝对定位又称为单点定位，以GPS卫星和用户接收机天线之间的距离观测量为基础，根据已知的卫星瞬时坐标，来确定接收机天线所对应的点位，即观测站的位置。

（二）相对定位原理

GPS相对定位也称为差分GPS定位，是目前GPS定位中精度最高的一种，广泛用于大地测量、精密工程测量、地球动力学研究和精密导航。相对定位的原理是：两台GPS接收机分别安置在基线的两端，并同步观测相同的GPS卫星，以确定基线端点在协议地球坐标系中的相对位置或基线向量。这种方法一般可以推广到多台接收机安置在若干基线的端点，通过同步观测GPS卫星，以确定多条基线向量的情况。

根据用户接收机在定位过程中所处的状态不同，相对定位有静态和动态之分。静态相对定位是保持安置在基线端点的接收机固定不动，通过连续观测，取得充分的多余观测数据，改善定位精度；动态相对定位是保持一台接收机安置在基准站上固定不动，另一台接收机安置在运动载体上，两台接收机同步观测相同卫星，以确定运动点相对基准站的实时位置。

二维码2-3
平面控制测量习题

单元三　高程控制测量

高程控制测量的任务是建立高程控制网，精确测定高程网中各水准点的高程。高程控制测量的形式有水准测量和三角高程测量。本单元主要介绍这两种高程控制测量的方法。

任务五　三、四等水准测量

一、水准测量

如果按照精度等级划分，高程控制测量可分为一、二、三、四等。其中，三、四等水准测量除用于建立小地区高程控制网外，还常用作工程建设地区内建筑测量和变形观测的高程控制。因此，本任务只介绍三、四等水准测量。三、四等水准测量应从附近的国家高程一级水准点引测高程，若测区没有国家水准点，可建立独立的高程控制网。

三、四等水准测量一般沿道路布设，且尽量避开土质松软地段。水准点应选在地基稳固、能长久保存和便于观测的地方，水准点间的距离在城市建筑区为1~2km。在选好的水准点位置应埋设普通水准标石或临时水准点标志，也可利用埋石的平面控制点作为水准点。

水准测量的布设形式有闭合导线、附合导线和支导线。三、四等水准测量的主要技术要求如表2-5所示。三、四等水准测量的观测应在通视良好、成像清晰稳定的条件下进行。三、四等水准观测的主要技术要求如表2-6所示。

表2-5　三、四等水准测量的主要技术要求

等级	每千米高差全中误差/mm	路线长度/km	水准仪型号	水准尺	观测次数		往返较差、附合或环线闭合差/mm	
					与已知点联测	附合或环线	平地	山地
三等	6	≤45	DS_1	钢瓦	往返各一次	往一次	$±12\sqrt{L}$	$±4\sqrt{n}$
			DS_3	双面		往返各一次		
四等	10	≤16	DS_3	双面	往返各一次	往一次	$±20\sqrt{L}$	$±6\sqrt{n}$

注：L代表距离。n代表测站数。

表2-6 三、四等水准观测的主要技术要求

等级	水准仪型号	视线长度/m	前后视距差/m	前后视距累积差/m	视线离地面最低高度/m	基本分划、辅助分划或黑红面读数较差/mm	基本分划、辅助分划或黑红面所测高差较差/mm
三等	DS$_1$	100	3	6	0.3	1.0	1.5
	DS$_3$	75				2.0	3.0
四等	DS$_3$	100	5	10	0.2	3.0	5.0
等外	DS$_3$	100	大致相等	—	—	—	—

二、双面水准尺

三、四等水准测量使用的水准尺通常是双面水准尺，且成对使用。两根水准尺黑面的尺底均为0；红面的尺底，一根为4.687m，另一根为4.787m。双面水准尺如图2-14所示。

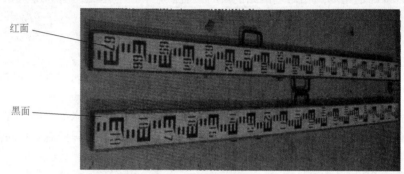

图2-14 双面水准尺

三、三等、四等水准测量的外业工作

1. 选定路线

① 联测。由高等级已知水准点上往测区内的水准点上引测高程。

② 施测。以测区内的水准点为已知点，将导线测量时的导线形式作为水准测量路线，形式基本一样。

2. 观测高差

三等水准测量观测顺序为后后前前，四等水准测量为后前前后，下面以三等水准测量为例，将图2-15线路的测量数据填入表2-7三等水准测量观测手簿，并进行实测记录计算。

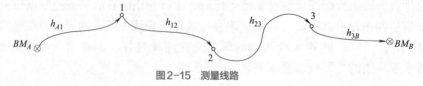

图2-15 测量线路

① 瞄准后视水准尺黑面，读取上、下丝读数（1）、（2），精平，读取中丝读数（3）。

② 瞄准后视水准尺红面，读取中丝读数（4）。

③ 瞄准前视水准尺黑面，读取上、下丝读数（5）、（6），精平，读取中丝读数（7）。

④ 瞄准前视水准尺红面，读取中丝读数（8）。

3. 测站检核及高差计算

① 视距计算与检核如下：

后视距离：(9)=100×[(1)−(2)]。

前视距离：(10)=100×[(4)−(5)]。

计算前、后视距差：(11)=(9)−(10)。

前后视距累计差：本站(12)=本站(11)+上站(12)。

② 尺常数 K 检核如下：

尺常数 K 为同一水准尺黑面与红面读数差。尺常数误差计算公式为

$$前尺 (13) = (6) + K_i - (7)$$
$$后尺 (14) = (3) + K_j - (8)$$

K_i、K_j 为两把双面水准尺的红面分划与黑面分划的零点差（表2-7中，107尺的尺常数 $K_i = K_{107} = 4.687\text{m}$，106尺的尺常数 $K_j = K_{106} = 4.787\text{m}$）。对于三等水准测量，尺常数误差不得超过2mm；对于四等水准测量，尺常数误差不得超过3mm。

表2-7　三等水准测量观测手簿

测站编号	点号	后尺/m 下丝 上丝	前尺/m 下丝 上丝	方向及尺号	水准尺中丝读数/m		(K+黑−红)/mm	平均高差/m	备注
		后视距/m 视距差/m	前视距/m 累计差/m		黑面	红面			
		(1) (2) (9) (11)	(4) (5) (10) (12)	后 前 后−前	(3) (6) (15)	(8) (7) (16)	(14) (13) (17)	(18)	
1	A~1	1.369 1.105 26.4 −0.2	0.724 0.458 26.6 −0.2	后106 前107 后−前	1.474 0.591 0.883	6.261 5.279 0.982	0 −1 +1	+0.8825	
2	1~2	2.006 1.632 37.4 −0.2	2.210 1.834 37.6 −0.4	后106 前107 后−前	1.819 2.022 −0.203	6.606 6.710 −0.104	0 −1 +1	−0.2035	K为水准尺常数，表中 $K_{106}=4.787\text{m}$ $K_{107}=4.687\text{m}$
3	2~3	1.799 1.423 37.6 −0.2	1.942 1.564 37.8 −0.6	后106 前107 后−前	1.611 1.753 −0.142	6.398 6.441 −0.043	0 −1 +1	−0.1425	
4	3~B	1.005 0.587 41.8 0.2	2.341 1.925 41.6 −0.4	后106 前107 后−前	0.796 2.633 −1.837	5.584 7.320 −1.736	−1 0 −1	−1.8365	

③ 高差计算与检核。按前、后视两面水准尺的红、黑面中丝读数分别计算测站高差。

黑面高差：（15）＝（3）－（6）。

红面高差：（16）＝（8）－（7）。

红黑面高差之误差：（17）＝（14）－（13）。

对于三等水准测量，红黑面高差之误差不得超过3mm；对于四等水准测量，红黑面高差之误差不得超过5mm。例如，表2-7测站中，黑面高差（15）=1.474-0.591=0.883（m），红面高差（16）=6.261-5.279=0.982（m），红黑面高差之误差（17）=0-（-1）=1（mm），经检核满足要求。

红黑面高差之误差在容许范围以内时，取其平均值，作为该站的观测高差。则平均高差：

$$（18）＝\{（15）＋[（16）±0.100m]\}/2$$

将计算和检核结果记入表2-7中。野外成果经检查无误后，按水准测量成果的计算方法，根据已知水准点的高程，计算高程网中各水准点的高程。

任务六   三角高程测量

当地形高低起伏较大而不便于实施水准测量时，可采用三角高程测量的方法测定两点间的高差，从而推算各点的高程。

一、三角高程测量原理

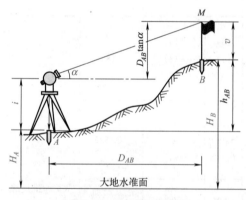

图2-16 三角高程测量原理

三角高程测量是根据两点间的水平距离和竖直角，计算两点间的高差。如图2-16所示，已知 A 点的高程 H_A，欲测定 B 点的高程 H_B，可在 A 点上安置经纬仪，量取仪器高 i（即仪器水平轴至测点的高度），并在 B 点设置观测标志（称为觇标）。用望远镜中丝瞄准觇标的顶部 M 点，测出竖直角 α，量取觇标高 v（即觇标顶部 M 至目标点的高度），再根据 A、B 两点间的水平距离 D_{AB}，计算 A、B 两点间的高差 h_{AB} 为

$$h_{AB} = D_{AB} \tan \alpha + i - v \qquad (2\text{-}21)$$

B 点的高程 H_B 为

$$H_B = H_A + h_{AB} = H_A + D_{AB} \tan \alpha + i - v \qquad (2\text{-}22)$$

二、三角高程测量的对向观测

为了消除或减弱地球曲率和大气折光的影响，三角高程测量一般应进行对向观测，亦称直、反觇观测。三角高程测量对向观测，所求得的高差较差不应大于0.4D（m），其中D为水平距离（以km为单位）。若符合要求，取两次高差的平均值作为最终高差。

三、三角高程测量的施测

① 将经纬仪安置在测站 A 上，用钢尺量仪器高 i 和觇标高 v，分别量两次，精确至0.5cm，两次的结果之差不大于1cm，取其平均值记入表2-8中。

② 用十字丝的中丝瞄准 B 点觇标顶端，盘左、盘右观测，读取竖直度盘读数 L 和 R，计算出竖直角 α 记入表2-8中。

③ 将经纬仪搬至 B 点，同法对 A 点进行观测。

表2-8　三角高程测量计算

所求点	B	
起算点	A	
觇法	直	反
平距 D_{AB}/m	286.36	286.36
竖直角 α	+10°32′26″	−9°58′41″
$D_{AB}\tan\alpha$/m	+53.28	−50.38
仪器高 i/m	+1.52	+1.48
觇标高 v/m	−2.76	−3.20
高差 h_{AB}/m	+52.04	−52.10
对向观测的高差较差/m	−0.06	
高差较差容许值/m	0.11	
平均高差/m 起算点高程/m 所求点高程/m	+50.07 105.72 157.79	

四、三角高程测量的计算

外业观测结束后，按式（2-21）和式（2-22）计算高差和所求点高程，计算实例见表2-8。

五、三角高程测量的精度等级

① 在三角高程测量中，如果 A、B 两点间的水平距离（或斜距）是用测距仪或全站仪测定的，称为光电测距三角高程，采取一定措施后，其精度可达到四等水准测量的精度要求。

② 在三角高程测量中，如果 A、B 两点间的水平距离是用钢尺测定的，称为经纬仪三角高程，其精度一般只能满足图根高程的精度要求。

六、三角高程控制测量

当用三角高程测量方法测定平面控制点的高程时，应组成闭合或附合的三角高程路线。每条边均要进行对向观测。用对向观测所得高差平均值，计算闭合或附合路线的高差闭合差的容许值为

$$f_{h容} = \pm0.05\sqrt{[D^2]} \text{（m）} \tag{2-23}$$

式中，D 为各边的水平距离，km。

二维码2-4
高程控制测量习题

当高差闭合差 f_h 不超过 $f_{h容}$ 时，按与边长成正比原则，将 f_h 反符号分配到各个高差之中，然后用改正后的高差，从起算点推算各点高程。

[精金良玉]

坚守诚信为本　恪守操守为重

秦末有个叫季布的人，一向说话算数，信誉非常高，许多人都同他建立起深厚的友情。

当时甚至流传着："得黄金百斤，不如得季布一诺。"后来，他得罪了汉高祖刘邦，被悬赏捉拿。结果他旧日的朋友不仅不被重金所惑，反而冒着灭九族的危险来保护他，使他免遭祸殃。一个人诚实有信，自然得道多助，能获得大家的尊重。

杨健国是一名材料负责人，他找到一家材料供应店，自称是某施工单位的材料员。"在我的账单上多写点材料，等我回公司报销后，肯定会有你一份好处的。"他对店主说。但店主非常干脆地拒绝了他的要求。他继续纠缠说："以后我会经常来，生意不算小，你肯定能赚很多钱！"店主告诉他，这事无论如何也不会做。他气急败坏地嚷道："我看你是真傻，换成谁都会这么干的。"店主火了，让他马上离开，到别处谈这种生意去。这时，杨健国才露出微笑并满怀敬意地握住店主的手："我就是那家施工单位的负责人，我一直在寻找一个固定的、信得过的供货商，你还让我到哪里去谈这笔生意呢？"

面对诱惑，不为其所惑，这是一种闪光的品格——诚信。

我们应身体力行，从现在做起，从我做起，从身边的小事做起，不要让诚信只出现在纸面上，要让它体现在我们生活的方方面面，让诚信无处不在，牢固树立"诚信为本，操守为重"的良好道德风尚。

项目 三

施工测量的基本工作

知识目标

· 熟悉已知水平距离的测设方法；
· 熟悉已知水平角的测设方法；
· 熟悉已知高程的测设方法；
· 掌握点的平面位置的测设方法；
· 熟悉测设数据的计算。

技能目标

· 会进行距离测设；
· 能进行角度测设；
· 会进行高程的测设；
· 能进行点的平面位置测设。

素质目标

· 能相互协作学习、讨论，学会团队合作，并在小组学习中构建自己的知识体系；
· 具备规范和安全的意识，实事求是的科学态度；
· 增强口头与书面表达能力；
· 培养爱护测量仪器的职业素养和职业精神；
· 培养自觉遵守法律、法规以及技术标准化的习惯。

项目导读

　　施工测量是各种工程在施工阶段所进行的测量工作，其目的就是按照设计图纸的要求，把建筑物的平面位置和高程在地面上标定出来，作为施工的依据。本项目主要介绍施工测量的三大基本工作（已知水平距离、已知角度、已知高程）的测设方法，以及地面点位的测设方法。

单元一　测设的基本工作

一、施工测量概述

　　在施工阶段所进行的测量工作称为施工测量。施工测量的目的是把图纸上设计的建（构）筑物的平面位置和高程，按设计和施工的要求放样（测设）到相应的地点，以此作为施工的依据，并在施工过程中进行一系列的测量工作，以指导和衔接各施工阶段和工种间的施工。

施工测量贯穿于整个施工过程中，其主要内容有：

① 施工前建立与工程相适应的施工控制网。

② 建（构）筑物的放样及构件与设备安装的测量工作。以确保施工质量符合设计要求。

③ 检查和验收工作。每道工序完成后，都要通过测量检查工程各部位的实际位置和高程是否符合要求，根据实测验收的记录，编绘竣工图和资料，作为验收时鉴定工程质量和工程交付后管理、维修、扩建、改建的依据。

④ 变形观测工作。随着施工的进展，测定建（构）筑物的位移和沉降，作为鉴定工程质量和判断工程设计、施工是否合理的依据。

二、施工测量的特点

① 施工测量是直接为工程施工服务的，因此它必须与施工组织计划相协调。测量人员必须了解设计的内容、性质及其对测量工作的精度要求，随时掌握工程进度及现场变动，使测设精度和速度满足施工的需要。

② 施工测量的精度主要取决于建（构）筑物的大小、性质、用途、材料、施工方法等因素。一般高层建筑施工测量精度应高于低层建筑，装配式建筑施工测量精度应高于非装配式，钢结构建筑施工测量精度应高于钢筋混凝土结构建筑。往往局部精度高于整体定位精度。

③ 施工现场各工序交叉作业、材料堆放、运输频繁、场地变动及施工机械的震动，使测量标志易遭破坏，因此，测量标志从形式、选点到埋设均应考虑便于使用、保管和检查，如有破坏，应及时恢复。

三、施工测量的原则

为了保证各个建（构）筑物的平面位置和高程都符合设计要求，施工测量也应遵循"从整体到局部，先控制后碎部"的原则。即在施工现场先建立统一的平面控制网和高程控制网，然后，根据控制点的点位，测设各个建（构）筑物的位置。

此外，施工测量的检核工作也很重要，因此，必须加强外业和内业的检核工作。

四、测设的相关概念

测设就是根据已有的控制点或地物点，按工程设计要求，将待建的建筑物、构筑物的特征点在实地标定出来。因此，首先要算出这些特征点与控制点或原有建筑物之间的角度、距离和高差等测设数据，然后利用测量仪器和工具，根据测设数据将特征点测设到实地。

测设的基本工作包括已知水平距离测设、已知水平角测设和已知高程测设。

任务一　已知水平距离的测设

已知水平距离的测设，是从地面上一个已知点出发，沿给定的方向，量出已知（设计）的水平距离，在地面上定出这段距离另一端点的位置。

一、钢尺测设

1. 一般方法

当测设精度要求不高时，从已知点开始，沿给定的方向，用钢尺直接丈量出已知水平距离，定出这段距离的另一端点。为了校核，应再丈量一次，若两次丈量的相对误差在1/3000~1/5000内，取平均位置作为该端点的最后位置。

2. 精确方法

当测设精度要求较高时，应使用检定过的钢尺，以便在丈量结果中加入尺长改正。用经纬仪定线，根据已知水平距离D，经过尺长改正（Δl_d）、温度改正（Δl_t）和倾斜改正（Δl_h）后，用式（3-1）计算出实地测设长度L。

$$L = D - \Delta l_d - \Delta l_t - \Delta l_h \tag{3-1}$$

然后根据计算结果，用钢尺进行测设。

现举例说明测设方法。

钢尺的尺长方程式，即在标准拉力下（30m钢尺用100N，50m钢尺用150N）钢尺的实际长度与温度的函数关系式，其形式为：

$$l_t = l_0 + \Delta l + \alpha l_0 (t - t_0)$$

式中，l_t为钢尺在温度t时的实际长度；l_0为钢尺的名义长度；Δl为尺长改正数；α为钢尺的线膨胀系数，其值取为1.25×10^{-5}/℃；t_0为钢尺检定时的标准温度；t为丈量时的温度。

如图3-1所示，从A点沿AC方向测设B点，使水平距离D=25.000m，钢尺的名义长度l_0为30m，尺长改正数Δl为0.003m，钢尺检定时的标准温度t_0为20℃，测设时温度t=30℃，测设时拉力与检定钢尺时拉力相同。请测设出B点。

① 测设之前通过概量定出终点，并测得两点之间的高差h_{AB}=+1.000m。

② 计算实地测设长度L。

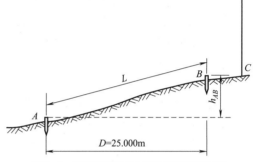

图3-1　用钢尺测设已知水平距离的精确方法

$$\Delta l_d = \frac{\Delta l}{l_0} D = \frac{0.003m}{30m} \times 25m \approx +0.003m$$

$$\Delta l_t = \alpha(t - t_0)D = 1.25 \times 10^{-5}℃^{-1} \times (30℃ - 20℃) \times 25m \approx +0.003m$$

$$\Delta l_h = -\frac{h_{AB}^2}{2D} = -\frac{(+1.000m)^2}{2 \times 25m} = -0.020m$$

$$L = D - \Delta l_d - \Delta l_t - \Delta l_h = 25.000m - 0.003m - 0.003m - (-0.020m) = 25.014m$$

③ 在地面上从A点沿AC方向用钢尺实量水平距离25.014m定出B点，则AB两点间的水平距离正好是已知值25.000m。

二、光电测距仪测设法

当测设精度要求较高时，一般采用光电测距仪测设法。测设方法如下：

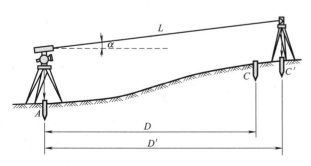

图3-2　用测距仪测设已知水平距离

① 如图3-2所示，在A点安置光电测距仪，反光棱镜在已知方向上前后移动，使仪器显示值略大于测设的距离，定出C'点。

② 在C'点安置反光棱镜，测出竖直角α及斜距L（必要时加测气象改正），计算水平距离$D'=L\cos\alpha$，求出D'与应测设的水平距离D之差$\Delta D = D - D'$。

③ 根据ΔD的数值在实地用钢尺

沿测设方向将C'改正至C点,并用木桩标定其点位。

④ 将反光棱镜安置于C点,再实测AC距离,其与理论值之差应在限差之内,否则应再次进行改正,直至符合限差为止。

任务二　已知水平角的测设

已知水平角的测设,就是在已知角顶点情况下根据一个已知边方向,标定出另一边方向,使两方向的水平夹角等于已知水平角角值。

一、一般方法

当测设水平角的精度要求不高时,可采用盘左、盘右分中的方法测设,如图3-3所示。设地面已知方向OA,O为角顶点,β为已知水平角角值,OB为欲测定的方向线。测设方法如下:

① 在O点安置经纬仪,盘左位置瞄准A点,使水平度盘读数为$0°00'00''$。

② 转动照准部,使水平度盘读数恰好为β值,在此视线上定出B'点。

③ 盘右位置,重复上述步骤,再测设一次,定出B''点。

④ 取$B'B''$的中点B,则$\angle AOB$就是要测设的β角。

二、精确方法

当测设精度要求较高时,可按如下步骤进行测设(图3-4):

① 先用一般方法测设出B'点。

② 用测回法对$\angle AOB'$观测若干个测回(测回数根据要求的精度而定),求出各测回平均值β_1,并计算出$\Delta\beta = \beta - \beta_1$。

③ 量取OB'的水平距离。

④ 用式(3-2)计算改正距离。

$$BB' = OB'\tan\Delta\beta \approx OB'\frac{\Delta\beta}{\rho} \tag{3-2}$$

其中,$\rho = 206265''$。

⑤ 自B'点沿OB'的垂直方向量出距离BB',定出B点,则$\angle AOB$就是要测设的角度。

量取改正距离时,如$\Delta\beta$为正,则沿OB'的垂直方向向外量取;如$\Delta\beta$为负,则沿OB'的垂直方向向内量取。

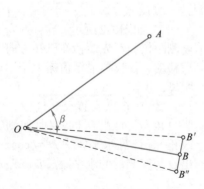

图3-3　已知水平角测设的一般方法

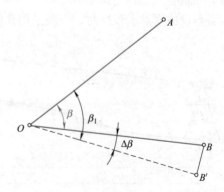

图3-4　已知水平角测设的精确方法

任务三　已知高程的测设

一、已知一般高程的测设

已知一般高程的测设，是利用水准测量的方法，根据已知水准点，将设计高程测设到现场作业面上。

1. 在地面上测设已知高程

如图3-5所示，某建筑物的室内地坪设计高程 H_0 为45.000m，附近有一水准点 BM_3，BM_3 高程为 H_3=44.680m。现在要求把该建筑物的室内地坪高程测设到木桩 A 上，作为施工时控制高程的依据。测设方法如下：

二维码 3-1
已知高程的测设

① 在水准点 BM_3 和木桩 A 之间安置水准仪，在 BM_3 立水准尺，用水准仪的水平视线测得后视读数 a 为1.556m，此时视线高程为

$$H_i=H_3+a=44.680m+1.556m=46.236m$$

② 计算 A 点处水准尺尺底为室内地坪高程时的前视读数：

$$b=H_i-H_0=46.236m-45.000m=1.236m$$

③ 上下移动竖立在木桩 A 侧面的水准尺，直至水准仪的水平视线在尺上截取的读数为1.236m时，紧靠尺底在木桩 A 上画一水平线，其高程即为45.000m。

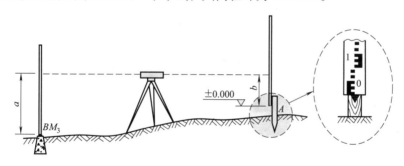

图3-5　已知高程的测设

2. 高程传递

当向较深的基坑或较高的建筑物上测设已知高程点时，如水准尺长度不够，可利用钢尺向下或向上引测。

如图3-6所示，欲在一深基坑内设置一点 B，使其高程为 H。在面附近有一水准点 BM_R 其高程为 H_R。

① 在基坑一边架设吊杆，杆上吊一根零点向下的钢尺，尺的下端挂上10kg的重锤，放入油桶中。

② 在地面安置一台水准仪，设水准仪在 BM_R 点所立水准尺上读数为 a_1，在钢尺上读数为 b_1。

③ 在坑底安置另一台水准仪，设水准仪在钢尺上读数为 a_2。

④ 计算 B 点水准尺底高程为 H 时，B 点处水准尺的读数应为：

$$b_2 = (H_R + a_1) - (b_1 - a_2) - H$$

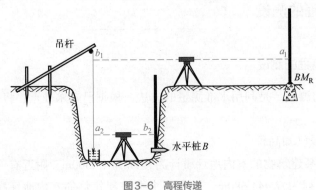

图3-6　高程传递

二、已知坡度线的测设

在道路建设、敷设上下水管道及排水沟等工程时，常要测设指定的坡度线。

已知坡度线的测设，是根据设计坡度和坡度端点的设计高程，用水准测量的方法将坡度线上各点的设计高程标定在地面上。

如图3-7所示，A、B为坡度线的两端点，其水平距离为D，设A点的高程为H_A，要沿AB方向测设一条坡度为i_{AB}的坡度线。测设方法如下：

① 根据A点的高程、坡度i_{AB}，和A、B两点间的水平距离D，计算出B点的设计高程：

$$H_B = H_A + i_{AB}D$$

② 按测设已知高程的方法，在B点处将设计高程H_B测设于B桩顶上，此时，AB直线即构成坡度为i_{AB}的坡度线。

③ 将水准仪安置在A点上，使基座上的一个脚螺旋在AB方向线上，其余两个脚螺旋的连线与AB方向垂直。量取仪器高度i，用望远镜瞄准B点的水准尺，转动在AB方向上的脚螺旋或微倾螺旋，使十字丝中丝对准B点水准尺上等于仪器高i的读数，此时，仪器的视线与设计坡度线平行。

④ 在AB方向线上测设中间点，分别在1、2、3等处打下木桩，使各木桩上水准尺的读数均为仪器高i，这样各桩顶的连线就是欲测设的坡度线。

如果设计坡度较大，超出水准仪脚螺旋所能调节的范围，则可用经纬仪测设，其测设方法相同。

二维码3-2

测设的基本工作习题

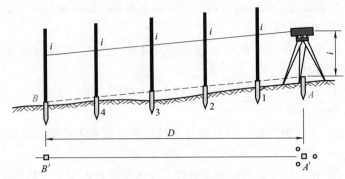

图3-7　已知坡度线的测设

单元二　点的平面位置测设

点的平面位置的测设方法有直角坐标法、极坐标法、角度交会法和距离交会法。至于采用哪种方法，应根据控制网的形式、地形情况、现场条件及精度要求等因素确定。

任务四　点的平面位置的测设

一、直角坐标法

直角坐标法是根据直角坐标原理，利用纵横坐标之差，来测设点的平面位置。直角坐标法适用于施工控制网为建筑方格网或建筑基线的形式，且量距方便的建筑施工场地。

1. 计算测设数据

如图3-8所示，Ⅰ、Ⅱ、Ⅲ、Ⅳ为建筑施工场地的建筑方格网点，a、b、c、d为欲测设建筑物的四个角点，根据设计图上各点坐标值 (x，y)，可求出建筑物的长度、宽度及测设数据：

$$建筑物的长度 D_{bc} = y_c - y_a = 580.00m - 530.00m = 50.00m$$
$$建筑物的宽度 D_{ab} = x_c - x_a = 650.00m - 620.00m = 30.00m$$

测设a点的测设数据（Ⅰ点与a点的纵横坐标之差）：

$$\Delta x = x_a - x_I = 620.00m - 600.00m = 20.00m$$
$$\Delta y = y_a - y_I = 530.00m - 500.00m = 30.00m$$

2. 点位测设方法

① 在Ⅰ点安置经纬仪，瞄准Ⅳ点，沿视线方向测设距离30.00m，定出m点，继续向前测设50.00m，定出n点。

② 在m点安置经纬仪，瞄准Ⅳ点，按逆时针方向测设90°角，由m点沿视线方向测设距离20.00m，定出a点，作出标志，再向前测设30.00m，定出b点，作出标志。

③ 在n点安置经纬仪，瞄准Ⅰ点，按顺时针方向测设90°角，由n点沿视线方向测设距离20.00m，定出d点，作出标志，再向前测设30.00m，定出c点，作出标志。

④ 检查建筑物四角是否等于90°，各边长是否等于设计长度，其误差均应在限差以内。

测设上述距离和角度时，可根据精度要求分别采用一般方法或精密方法。

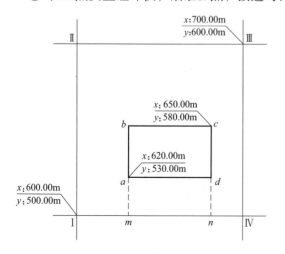

图3-8　直角坐标法

二、极坐标法

极坐标法是根据一个水平角和一段水平距离，来测设点的平面位置。极坐标法适用于量距方便，且待测设点距控制点较近的建筑施工场地。

二维码3-3
极坐标法测设点的位置

1. 计算测设数据

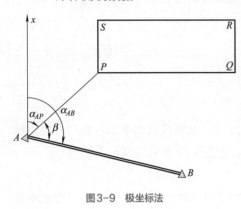

图3-9   极坐标法

如图 3-9 所示，A、B 为已知平面控制点，其坐标值分别为 $A(x_A, y_A)$、$B(x_B, y_B)$，P 点为建筑物的一个角点，其坐标为 $P(x_P, y_P)$。现根据 A、B 两点，用极坐标法测设 P 点，其测设数据计算方法如下：

① 计算 AB 边的坐标方位角 α_{AB} 和 AP 边的坐标方位角 α_{AP}，按坐标反算公式计算：

$$\alpha_{AB} = \arctan \frac{\Delta y_{AB}}{\Delta x_{AB}}$$

$$\alpha_{AP} = \arctan \frac{\Delta y_{AP}}{\Delta x_{AP}}$$

  注意

每条边在计算时，应根据 Δx 和 Δy 的正负情况，判断该边所属象限。

② 计算 AP 与 AB 之间的夹角：

$$\beta = \alpha_{AB} - \alpha_{AP}$$

③ 计算 A、P 两点间的水平距离：

$$D_{AP} = \sqrt{(x_P - x_A)^2 + (y_P - y_A)^2} = \sqrt{\Delta x_{AP}^2 + \Delta y_{AP}^2}$$

2. 点位测设方法

① 在 A 点安置经纬仪，瞄准 B 点，按逆时针方向测设 β 角，定出 AP 方向。

② 沿 AP 方向自 A 点测设水平距离 D_{AP}，定出 P 点，作出标志。

③ 用同样的方法测设 Q、R、S 点。全部测设完毕后，检查建筑物四角是否等于 90°，各边长是否等于设计长度，其误差均应在限差以内。

同样，在测设距离和角度时，可根据精度要求分别采用一般方法或精密方法。

二维码3-4
角度交会法
测设点的位置

三、角度交会法

角度交会法适用于待测设点距控制点较远，且量距较困难的建筑施工场地。

1. 计算测设数据

如图 3-10（a）所示，A、B、C 为已知平面控制点，P 为待测设点，现根据 A、B、C 三点，用角度交会法测设 P 点，其测设数据计算方法如下：

① 按坐标反算公式，分别计算出 α_{AB}、α_{AP}、α_{BP}、α_{CB} 和 α_{CP}。

② 计算水平角 β_1、β_2 和 β_3。

2. 点位测设方法

① 在A、B两点同时安置经纬仪，同时测设水平角β_1和β_2，定出两条视线，在两条视线相交处钉下一个大木桩，并在木桩上依AP、BP绘出方向线及其交点。

② 在控制点C上安置经纬仪，测设水平角β_3，同样在木桩上依CP绘出方向线。

③ 如果交会没有误差，此方向CP应通过前两方向线AP、BP的交点，否则将形成一个"示误三角形"，如图3-10（b）所示。若示误三角形边长在限差以内，则取示误三角形重心作为待测设点P的最终位置。

测设β_1、β_2和β_3时，视具体情况，可采用一般方法和精密方法。

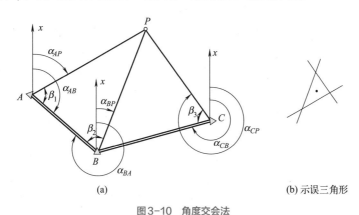

(a)   (b) 示误三角形

图3-10 角度交会法

四、距离交会法

距离交会法是由两个控制点测设两段已知水平距离，交会定出点的平面位置。距离交会法适用于待测设点至控制点的距离不超过一尺段长，且地势平坦、量距方便的建筑施工场地。

1. 计算测设数据

如图3-11所示，A、B为已知平面控制点，P为待测设点，现根据A、B两点，用距离交会法测设P点，其测设数据计算方法如下：

根据A、B、P三点的坐标值，分别计算出D_{AP}和D_{BP}。

2. 点位测设方法

① 将钢尺的零点对准A点，以D_{AP}为半径在地面上画一圆弧。

② 再将钢尺的零点对准B点，以D_{BP}为半径在地面上画一圆弧。两圆弧的交点即为P点的平面位置。

③ 用同样的方法，测设出Q、R、S的平面位置。

④ 丈量PQ、QR、SR、PS两点间的水平距离，与设计长度进行比较，其误差应在限差以内。

图3-11 距离交会法

【精益求精】

缅怀天眼之父 传承工匠精神

提起南仁东这个名字，可能有很多人完全没有听说过。南仁东是国际

二维码3-5

点的平面位置测设习题

天文界的科学家，是"天眼之父"。他创造出了世界最大、最灵敏的单口径射电望远镜"天眼"，它比美国最先进的阿雷西博350米望远镜综合性能高10倍，比德国波恩100米望远镜灵敏度高10倍，能收到1351光年外的电磁信号，未来甚至可能捕捉外星生命信号，它将在未来很长一段时间内处于世界领先水平，开启中国的"观天时代"。这样一位伟大的科学家，在2017年"天眼"投入运行一周年之际，却与世长辞，留给世人的只是一句"丧事从简，不举行追悼仪式"的简短遗愿和一份"干干净净地来，默默无闻地走"的淡泊和风骨。然而，英雄虽已落幕，却不该被遗忘，尤其是南仁东留给世人的工匠精神，值得被学习，更当被传承。

传承追求卓越的创造精神。"当天才专注的时候，没人能赶超他的步伐"，当选择了天文，南仁东便义无反顾地陶醉其中。从大学优秀生、特批游学人员到国际天文专家，追求卓越、勇攀高峰始终是南仁东不变的人生方向。哪怕面对巨额的经费、几乎无法满足的科研人力需求，南仁东仍坚持要建造新一代射电望远镜FAST。从选址到拉赞助，再到立项，只要能快一点开始对宇宙的探索，快一点开启"观天时代"，就没有南仁东翻越不了的高山、跨越不了的河流。缅怀南仁东，就是要学习他这份敢于创新创造、敢于追求卓越的工匠精神，使之成为攻坚克难的牵引力。

传承精益求精的品质精神。"失之毫厘，谬以千里"，在科学领域没有"差不多"，只有每一步、每一环都精益求精，科学探索才有科学成果。对此，南仁东选择用11年的时间，走遍中国300多个候选地，探寻最合适、最独一无二的天眼选址。发挥"学霸"特质，打破"术业有专攻"的局限，研究天文、无线电、金属和力学，"把世界都装在心里"。甚至在22年间，南仁东只专心做FAST项目这一件事。这些坚持和付出，为的就是创造一个新的、更好的天眼。缅怀南仁东，就是要学习他这份"咬定青山不放松"的不懈坚持和"没有最好，只有更好"的品质追求，使之成为刻苦钻研的推动力。

斯人已逝，但天眼犹在。愿心中的天眼能带着南仁东回到属于他的星空，愿天眼所承载的工匠精神能带领世人创造更多的辉煌。

项目 四

建筑物施工测量

知识目标

- 熟悉施工测量前的准备工作;
- 掌握建筑物定位与放线的条件及方法;
- 掌握民用建筑基础、墙体放线的方法;
- 掌握高层建筑轴线投测的方法;
- 掌握工业建筑的控制网测设、柱基测设和构件的安装测量方法;
- 掌握曲线型建筑物的施工测量方法;
- 熟悉建筑物的精密施工测量方法。

技能目标

- 会进行建筑物的定位与放线;
- 能进行民用建筑的施工测量;
- 会进行工业建筑的施工测量;
- 能进行曲线型建筑物的施工测量。

素质目标

- 具有严谨的工作态度和团队合作的品质;
- 具备规范和安全的意识,端正实事求是的科学态度;
- 能够通过网络检索需要的专业知识,并具备自学能力;
- 培养吃苦耐劳、爱岗敬业的职业素养,具备良好的职业道德;
- 培养自觉遵守法律、法规以及技术标准化的习惯。

项目导读

建筑物施工测量的任务是按照设计要求,把建筑物的位置测设到地面上,并配合施工的进度进行放样与检测,以确保工程施工质量。进行施工测量之前,应按照施工测量规范要求,选定所用测量仪器和工具,并对其进行检验与校正。与此同时,必须做好大量的准备工作。

单元一 建筑施工场地控制测量

由于在勘探设计阶段所建立的控制网是为测图而建立的,有时并未考虑施工的需要,所以控制点的分布、密度和精度,都难以满足施工测量的要求;另外,在平整场地时,大多数控制点被破坏。因此，在施工之前，在建筑场地应重新建立专门的施工控制网。

1. 施工控制网的分类

施工控制网分为平面控制网和高程控制网两种。

（1）施工平面控制网　施工平面控制网可以布设成三角网、导线网、建筑方格网和建筑基线四种形式。

① 三角网。对于地势起伏较大，通视条件较好的施工场地，可采用三角网。

② 导线网。对于地势平坦，通视又比较困难的施工场地，可采用导线网。

③ 建筑方格网。对于建筑物多为矩形且布置比较规则和密集的施工场地，可采用建筑方格网。

④ 建筑基线。对于地势平坦且简单的小型施工场地，可采用建筑基线。

（2）施工高程控制网　施工高程控制网采用水准网。

2. 施工控制网的特点

与测图控制网相比，施工控制网具有控制范围小、控制点密度大、精度要求高及使用频繁等特点。

任务一　建筑基线的测设

一、施工场地的平面控制测量

1. 施工坐标系与测量坐标系的坐标换算

施工坐标系亦称建筑坐标系，其坐标轴与主要建筑物主轴线平行或垂直，以便用直角坐标法进行建筑物的放样。

施工控制测量的建筑基线和建筑方格网一般采用施工坐标系，而施工坐标系与测量坐标系往往不一致，因此，施工测量前常常需要进行施工坐标系与测量坐标系的坐标换算。

如图4-1所示，设 xOy 为测量坐标系，$x'O'y'$ 为施工坐标系，x_o、y_o 为施工坐标系的原点 O' 在测量坐标系中的坐标，α 为施工坐标系的纵轴 $O'x'$ 在测量坐标系中的坐标方位角。设已知 P 点的施工坐标为 (x'_P, y'_P)，则可按式（4-1）将其换算为测量坐标 (x_P, y_P)：

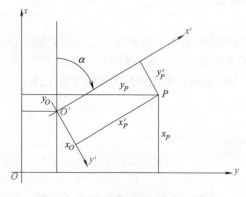

图4-1　施工坐标系与测量坐标系的换算

$$\begin{cases} x_P = x_O + x'_P \cos\alpha - y'_P \sin\alpha \\ y_P = y_O + x'_P \sin\alpha + y'_P \cos\alpha \end{cases} \quad (4\text{-}1)$$

如已知 P 的测量坐标，则可按式（4-2）将其换算为施工坐标：

$$\begin{cases} x'_P = (x_P - x_O)\cos\alpha + (y_P - y_O)\sin\alpha \\ y'_P = -(x_P - x_O)\sin\alpha + (y_P - y_O)\cos\alpha \end{cases} \quad (4\text{-}2)$$

2. 建筑基线

建筑基线是建筑场地的施工控制基准线，即在建筑场地布置一条或几条轴线。它适用于建筑设计总平面图布置比较简单的小型建筑场地。

（1）建筑基线的布设形式　建筑基线的布设形式，应根据建筑物的分布、施工场地地形等因素来确定。常用的布设形式有"一"字形、"L"形、"十"字形和"T"形，如图4-2所示。

（2）建筑基线的布设要求

① 建筑基线应尽可能靠近拟建的主要建筑物，并与其主要轴线平行，以便使用比较简单的直角坐标法进行建筑物的定位。

② 建筑基线上的基线点应不少于三个，以便相互检核。

③ 建筑基线应尽可能与施工场地的建筑红线相联系。

④ 基线点位应选在通视良好和不易被破坏的地方，为能长期保存，要埋设永久性的混凝土桩。

（3）建筑基线的测设方法　根据施工场地的条件不同，建筑基线的测设方法有以下两种：

① 根据建筑红线测设建筑基线。由城市测绘部门测定的建筑用地界定基准线，称为建筑红线。在城市建设区，建筑红线可用作建筑基线测设的依据。如图4-3所示，AB、AC为建筑红线，1、2、3为建筑基线点，利用建筑红线测设建筑基线的方法如下：

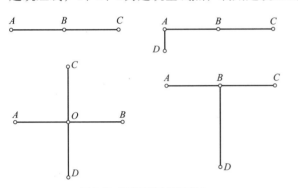

图4-2　建筑基线的布设形式

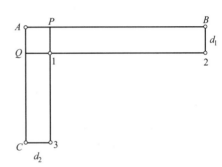

图4-3　根据建筑红线测设建筑基线

首先，从A点沿AB方向量取d_2定出P点，沿AC方向量取d_1定出Q点。

然后，过B点作AB的垂线，沿垂线量取d_1定出2点，作出标志；过C点作AC的垂线，沿垂线量取d_2定出3点，作出标志；用细线拉出直线$P3$和$Q2$，两条直线的交点即为1点，作出标志。

最后，在1点安置经纬仪，精确观测$\angle 213$，其与90°的差值应小于±20″。

② 根据附近已有控制点测设建筑基线。在新建筑区，可以利用建筑基线的设计坐标和附近已有控制点的坐标，用极坐标法测设建筑基线。如图4-4所示，A、B为附近已有控制点，1、2、3为选定的建筑基线点。测设方法如下：

首先，根据已知控制点和建筑基线点的坐标，计算出测设数据β_1、D_1、β_2、D_2、β_3、D_3。然后，用极坐标法测设1、2、3点。

由于存在测量误差，测设的基线点往往不在同一直线上，且点与点之间的距离与设计值也不完全相符，因此，需要精确测出已测设直线的折角β'和距离D'，并与设计值相比较。如图4-5所示，如果$\Delta\beta=\beta'-180°$超过±15″，则应对1′、2′、3′点在与基线垂直的方向上进行等量调整，调整

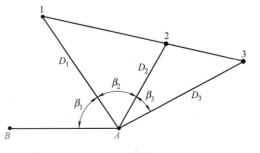

图4-4　根据附近已有控制点测设建筑基线

量按式（4-3）计算：

$$\delta = \frac{ab}{a+b} \times \frac{\Delta\beta}{2\rho} \qquad (4-3)$$

式中　δ——各点的调整值，m；

　a、b——分别代表直线12、23的长度，m。

如果测设距离超限，即 $\dfrac{\Delta D}{D} = \dfrac{D'-D}{D} > \dfrac{1}{10000}$，则以2点为准，按设计长度沿基线方向调整 $1'$、$3'$ 点。

3. 建筑方格网

由正方形或矩形组成的施工平面控制网，称为建筑方格网，或称矩形网，如图4-6所示。建筑方格网适用于按矩形布置的建筑群或大型建筑场地。

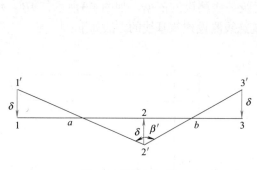

图4-5　基线点的调整

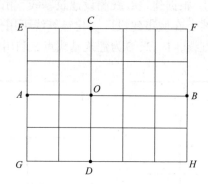

图4-6　建筑方格网

（1）建筑方格网的布设　布设建筑方格网时，应根据总平面图上各建（构）筑物、道路及各种管线的布置，结合现场的地形条件来确定。如图4-6所示，先确定方格网的主轴线 AOB 和 COD，然后再布设方格网。

（2）建筑方格网的测设　测设方法如下：

① 主轴线测设。主轴线测设与建筑基线测设方法相似。首先，准备测设数据。然后，测设两条互相垂直的主轴线 AOB 和 COD，如图4-6所示。主轴线实质上是由5个主点 A、B、O、C、D 构成。

② 方格网点测设。主轴线测设后，分别在主点 A、B 和 C、D 安置经纬仪，后视主点 O，向左右测设90°水平角，即可交会出田字形方格网点。随后再作检核，测量相邻两点间的距离，看是否与设计值相等，测量其角度是否为90°，误差均应在允许范围内，并埋设永久性标志。

二、施工场地的高程控制测量

1. 施工场地高程控制网的建立

建筑施工场地的高程控制测量一般采用水准测量方法，应根据施工场地附近的国家或城市已知水准点，测定施工场地水准点的高程，以便纳入统一的高程系统。

在施工场地上，水准点的密度应尽可能满足安置一次仪器即可测设出所需的高程。而测图时敷设的水准点往往是不够的，因此，还需要增设一些水准点。在一般情况下，建筑基线点、建筑方格网点以及导线点也可兼作高程控制点。只要在平面控制点桩面上中心点旁边，设置一个突出的半球标志即可。

为了便于检核和提高测量精度，施工场地高程控制网应布设成闭合或附合路线。高程控制网可分为首级网和加密网，相应的水准点称为基本水准点和施工水准点。

2. 基本水准点

基本水准点应布设在土质坚实、不受施工影响、无震动和便于实测的地方，并埋设永久性标志。一般情况下，按四等水准测量的方法测定其高程，而对于为连续性生产车间或地下管理测设所建立的基本水准点，则需按三等水准测量的方法测定其高程。

3. 施工水准点

施工水准点是用来直接测设建筑物高程的。为了测设方便和减少误差，施工水准点应靠近建筑物。

二维码 4-1
建筑施工场地控制测量习题

单元二　民用建筑施工测量

一、民用建筑施工测量的准备工作

民用建筑是指住宅楼、办公楼、食堂、俱乐部、医院和学校等建筑物。民用建筑施工测量的基本任务是按照设计要求，把建筑物的位置测设到地面上，并配合施工以保证工程质量。在进行施工测量之前，应先检校所使用的测量仪器和工具。另外，还需做好以下几项准备工作。

1. 了解设计意图并熟悉和核对图纸

从图纸中首先了解工程全貌和主要设计意图，以及对测量的要求等内容，然后熟悉、核对与放样有关的建筑总平面图、建筑施工图和结构施工图，并检查总的尺寸是否与各部分尺寸之和相符，总平面图与大样详图尺寸是否一致，以免出现差错。

2. 进行现场踏勘并校核定位的平面控制点和水准点

目的是了解现场的地物、地貌以及控制点的分布情况，并调查与施工测量有关的问题。对建筑物地面上的平面控制点，在使用前应检查校核点位是否正确，并应实地检测水准点的高程。通过校核，取得正确的测量起始数据和点位。

3. 制定测设方案

根据设计要求、定位条件、现场地形和施工方案等因素制定测设方案。如图4-7所示，按设计要求，拟建的3号建筑物与已有建筑物平行，两相邻墙面相距18m，南墙面在一条直线上。因此可根据已建的2号建筑物用直角坐标法进行放样。

4. 准备测设数据

除了计算必需的测设数据外，尚需从下列图纸上查取房屋内部平面尺

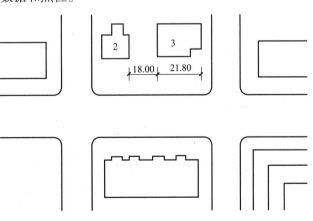

图4-7　建筑总平面图（单位：m）

寸和高程数据。

① 从建筑总平面图上查出或计算出设计建筑物与原有建筑物或测量控制点之间的平面尺寸和高差，并以此作为测设建筑物总体位置的依据。

② 在建筑平面图中查取建筑物的总尺寸和内部各定位轴线之间的关系尺寸，这是施工放样的基本资料。

③ 从基础平面图中查取基础边线与定位轴线的平面尺寸，以及基础布置与基础剖面的位置关系。

④ 从基础详图中查取基础立面尺寸、设计标高，以及基础边线与定位轴线的尺寸关系。这是基础高程测设的依据。

⑤ 从建筑物的立面图和剖面图中，查取基础、地坪、门窗、楼板、屋面等设计高程。这是高程测设的主要依据。

5. 绘制放样略图

如图4-8所示，这是根据设计总平面图和基础平面图绘制的测设略图，图中标有已建的2号建筑物和拟建的3号建筑物之间的平面尺寸，以及定位轴线间尺寸和定位轴线控制桩等。

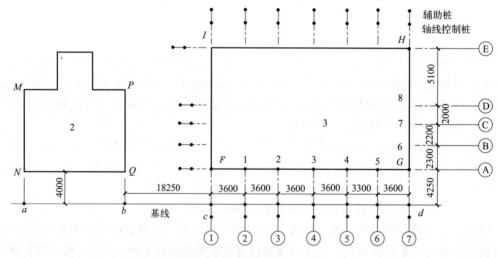

图4-8 测设略图（单位：mm）

二、施工测量的主要内容及原则

1. 施工测量的主要内容

① 在施工前建立施工控制网。

② 熟悉设计图纸，按设计和施工要求进行放样。

③ 检查并验收，每道工序完成后应进行测量检查。

2. 施工测量的原则

为了保证建筑物的相对位置及内部尺寸能满足设计要求，施工测量必须坚持"从整体到局部，先控制后碎部"的原则。即首先在施工现场，以设计阶段所建立的控制网为基础，建立统一的施工控制网，然后根据施工控制网来测设建筑物的轴线，再根据轴线测设建筑物的细部。

任务二　建筑物的定位与放线

二维码4-2
建筑物的
定位与放线

一、建筑物的定位

建筑物的定位，是指根据测设略图将建筑物外墙轴线交点测设到地面上，并以此作为基础测设和细部测设的依据。

由于定位条件的不同，民用建筑除了根据测量控制点、建筑基线或建筑红线、建筑方格网定位外，还可以根据已有的建筑物来进行定位。

如图4-8所示，欲将3号拟建建筑物外墙轴线交点测设到地面上，其步骤如下：

① 用钢尺紧贴已建的2号建筑物的 MN 和 PQ 边，各量出4m（距离大小根据实际地形而定，一般为1~4m），得 a、b 两点，并打入木桩，在桩顶上用铁钉钉上作为标志（各点均以桩顶铁钉标志为准）。

② 把经纬仪安置在 a 点，瞄准 b 点，沿 ab 方向量取18.250m，得 c 点，再继续量取21.300m，得 d 点。

③ 将经纬仪分别安置在 c、d 两点上，再瞄准 a 点。然后按照顺时针的方向测设90°，沿此方向用钢尺量取4.25m，得 F、G 两点，再继续量取11.600m，得 I、H 两点。F、G、H、I 四点即为拟建建筑物外墙轴线的交点。用钢尺检测各角桩之间的距离，其值与设计长度的相对误差不应超过1/2000，如建筑物规模较大，则不应该超过1/5000。将经纬仪安置在 F、G、H、I 四个角点上，检测各直角，与90°之差不应超过±40″，否则应进行调整。

二、建筑物的放线

建筑物的放线，是指根据已定位的外墙轴线交点桩详细测设出建筑物各轴线的交点桩，然后根据交点桩用白灰撒出开挖边界线。其方法如下：

1. 在外墙轴线周边上测设中间轴线交点桩

如图4-8所示，将经纬仪安置在 F 点上，瞄准 G 点，用钢尺沿 FG 方向量出相邻两轴线间的距离，定出1、2、…、5各点（也可每隔1~2条轴线定一点）。同法可定出6、7等各点。量距精度应达到1/2000~1/5000。丈量各轴线间距离时，为了避免误差积累，钢尺零端点应始终在一点上。

由于基槽开挖后，角桩和中心桩将被挖掉，为了便于施工中恢复各轴线位置，应把各轴线延长到槽外安全地点，并做好标志。其方法有设置轴线控制桩和龙门板两种。

2. 测设轴线控制桩

将经纬仪安置在角桩上，瞄准另一角桩，沿视线方向用钢尺向基槽外侧量取2~4m，打入木桩，用小钉在桩顶准确标示出轴线位置，并用混凝土包裹木桩，如图4-9所示。大型建筑物放线时，为了确保轴线引桩的精度，通常是根据角桩测设的。如有条件，也可把轴线引测到周围原有的地物上，

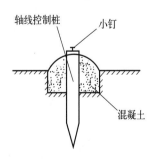

图4-9　混凝土角桩

并做好标志，以此来代替引桩。

3. 设置龙门板

在一般民用建筑中，常在基槽开挖线以外一定距离处设置龙门板，如图4-10所示，其步骤和要求如下：

① 在建筑物四周和中间定位轴线的基槽开挖线以外约1.5~3m处（根据土质和基槽深度而定）设置龙门板，桩要钉得竖直、牢固，桩外侧面应与基槽平行。

② 根据场地内水准点，用水准仪将±0.000的标高测设在每一个龙门桩侧面上，用红笔划一横线。

③ 沿龙门桩上测设的±0.000线钉设龙门板，使板的上缘恰好为±0.000。若现场条件不允许，也可测设比±0.000高或低一整数的高程，测设龙门板的高程允许误差为±5mm。

④ 如图4-10所示，将经纬仪安置在F点，瞄准G点，沿视线方向在G点附近的龙门板上定出一点，钉上小钉标志（也称轴线钉）。倒转望远镜，沿视线在F点附近的龙门板上钉一小钉。同法可将各轴线都引测到各自相应的龙门板上。引测轴线点的误差应小于±5mm。如果建筑物较小，则可用垂球对准桩点，然后紧贴两垂球线拉紧线绳，把轴线延长并标定在龙门板上。

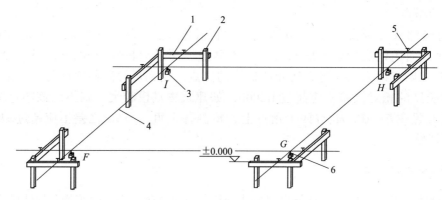

图4-10　测设建筑物轴线

1—龙门板；2—龙门桩；3—角桩；4—细线；5—小钉；6—垂球

⑤ 用钢尺沿龙门板顶面检查轴线钉之间的距离，其精度应达到1/2000~1/5000。经检查合格后，以轴线钉为准，将墙边线、基础边线、基槽开挖线等标定在龙门板上。标定基槽上口开挖宽度时，应按有关规定考虑放坡的尺寸要求。

4. 撒出基槽开挖边界白灰线

在轴线两端，根据龙门板上标定的基槽开挖边界标志拉直线绳，并沿此线绳撒出白灰线，施工时按此线进行开挖。

任务三　民用建筑物的施工测量

一、建筑物基础施工测量

1. 建筑物基槽开挖与抄平

建筑物轴线放样完毕后，按照基础平面图上的设计尺寸，在地面放出白灰线的位置上进行开挖。为了控制基槽开挖深度，当快挖到基底设计标高时，可用水准仪根据地面±0.000点在槽壁上测设一些水平小木桩，如图4-11所示，使木桩的表面离槽底的设计标高为一固定值（如0.500m）。为了施工时使用方便，一般在槽壁各拐角处和槽壁每隔3~4m处均测设一水平桩，必要时，可沿水平桩的上表面拉上线绳，作为清理槽底和打基础垫层时掌握标高的依据。水平桩高程测设的允许误差为±10mm。

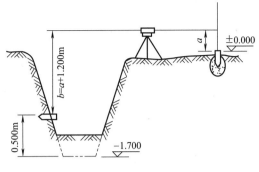

图4-11　标定基槽深度

2. 在垫层上投测基础的中心线

基础垫层打好后，根据龙门板上轴线钉或轴线控制桩，用经纬仪或拉线绳挂垂球的方法，把轴线投测到垫层上，并用墨线弹出基础墙体中心线和基础墙边线，以便砌筑基础墙体。由于整个墙身砌筑均以此线为准，因此，这是确定建筑物位置的关键环节，在严格校核后方可进行砌筑施工。

3. 基础墙体标高的控制

房屋基础墙体的高度是利用基础皮数杆来控制的，如图4-12所示。基础皮数杆是一根木制的杆子，事先在杆上按照设计的尺寸，在砖、灰缝的厚度处划出线条，并标明±0.000、防潮层的标高位置。立皮数杆时，先在立杆处打一木桩，用水准仪在木桩侧面定出一条高于垫层标高某一数值（如10mm）的水平线，然后将皮数杆上标高相同的一条线与木桩上的同高水平线对齐，并用大铁钉把皮数杆与木桩钉在一起，作为基础墙砌筑时拉线的标高依据。

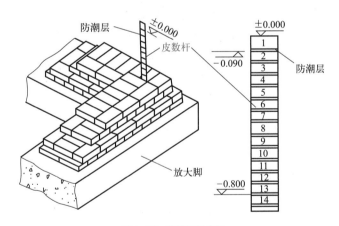

图4-12　皮数杆的应用

4. 基础墙体顶面标高检查

基础施工结束后，应检查基础墙顶面的标高是否符合设计要求，也可检查防潮层。检查方法是用水准仪测出基础墙顶面上若干点的高程，并与设计高程比较，允许误差为±10mm。

二、建筑物墙体施工测量

1. 墙体的定位

在基础工程结束后，应对龙门板或控制桩进行认真检查复核，以防基础施工时由于土方及材料的堆放与搬运产生偏差。复核无误后，可利用龙门板或控制桩将轴线测设到基础顶面

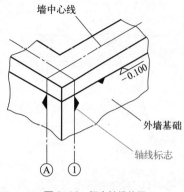

图4-13　标志轴线位置

或防潮层上，然后用墨线弹出墙中心线和墙边线。检查外墙轴线交角是否为直角，符合要求后，把墙轴线延伸并划在外墙基上，做好标志，如图4-13所示，并作为向上投测轴线的依据。同时把门和其他洞口的边线，也划在外墙基础立面上。

2. 墙体各部位高程的控制

在墙体施工中，墙身各部位高程通常也用皮数杆来控制。墙身皮数杆上根据设计尺寸，在砖、灰缝厚度处划出线条，并且标明±0.000、门、窗、楼板、过梁、圈梁等构件高度位置。在墙体施工中，用皮数杆可以控制墙身各部位构件的准确位置，并保证每皮砖灰缝厚度均匀，每皮砖都处在同一水平面上。皮数杆一般立在建筑物拐角和隔墙处，如图4-14所示。

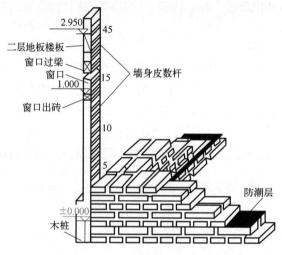

图4-14　墙体各部位高程控制

立皮数杆时，先在地面上打一木桩，用水准仪测出±0.000标高位置，并画一横线作为标志；然后，把皮数杆上的±0.000线与木桩上±0.000对齐、钉牢。皮数杆钉好后要用水准仪进行检测，并用垂球来校正皮数杆的竖直。

为了施工方便，采用里脚手架砌砖时，皮数杆应立在墙外侧；采用外脚手架时，皮数杆应立在墙内侧；砌框架或钢筋混凝土柱间墙时，每层皮数杆可直接画在构件上，而不立皮数杆。

墙身皮数杆的测设与基础皮数杆的测设相同。测设±0.000标高线的允许误差为±3mm。一般在墙身砌起1m后，就在室内墙身上定出+0.5m的标高线，作为该层地面施工及室内装修的依据。在第二层以上墙体施工中，为了使同层四角的皮数杆立在同一水平面上，要用水准仪测出楼板面四角的标高，取平均值作为本层的地坪标高，并以此作为本层立皮数杆的依据。

当精度要求较高时，可用钢尺沿墙身自±0.000起向上直接丈量至楼板外侧，确定立杆标志。

三、建筑物楼梯的施工测量

楼梯施工有采用工厂预制的楼梯、现场装配的楼梯，也有采用现场浇制的楼梯。在放线时应把楼梯休息平台以及楼梯的坡度线放出来。

1. 预制式楼梯安装放线

首先，应从500mm线上量砖墙的实际砌筑高度，检查休息平台的下平标高是否符合设计要求，如符合便可吊装休息平台板，高度允许偏差为±10mm。

待第二块休息平台板安装后，需在两块休息平台板之间试放楼梯木样板，如图4-15所示。在修正第二块休息平台板时，注意其标高的准确。因为有时楼层地面的做法与楼梯间的做法不一样，休息平台板可能比楼板稍高，否则做地面时会出现高度差，无法弥补。

2. 现浇式楼梯放线

当砖墙砌筑到第一块休息平台板时，放线人员应配合砌筑工预留出休息平台板上梁和板的支座孔洞，如图4-16所示。同样在第二块休息平台板处预留出孔洞。当楼梯间墙体砌完后，在墙面弹出楼梯坡度线及踏步线，作为支模板的依据。

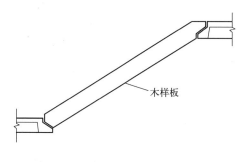

木样板

图4-15　试放楼梯木样板

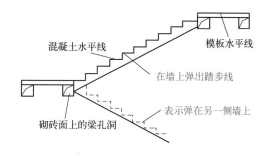

混凝土水平线

模板水平线

在墙上弹出踏步线

表示弹在另一侧墙上

砌砖面上的梁孔洞

图4-16　现浇式楼梯放线

当由砖墙支承踏步模板时，应在砖墙留斜槽，这时放线人员应在休息平台板处立上皮数杆。如为现浇板，可在皮数杆上挂线，使砌筑工砌墙留斜槎时有所依据。同时应将斜槎用干砖顶住，否则因砖墙偏心受压，可能会发生偏斜或倒塌。

二维码4-3

民用建筑施工测量习题

单元三　高层建筑施工测量

随着现代化城市建设的发展，高层建筑日益增多。鉴于高层建筑层数较多，高度较高，施工场地狭窄，且多采用框架结构、滑模施工工艺和先进施工机械，故在施工过程中，对于垂直度、水平度偏差及轴线尺寸偏差都必须严格控制。

任务四　高层建筑物的施工测量

一、高层建筑施工测量的特点

高层建筑物的特点是层数多、高度高、建筑结构复杂、设备和装修标准较高。因此，在施工过程中对建筑物各部位的水平位置、垂直度以及轴线尺寸、标高等的精度要求都十分严格，同时对质量检测的允许偏差也有非常严格的要求。如层高测量偏差和竖向测量偏差均不超过±3mm；建筑全高测量偏差和竖向偏差不应超过3H/10000（其中H为建筑物高度），且当30m<H≤60m时不应超过±10mm，当60m<H≤90m时不应超过±15mm，当H>90m时，不应超过±20mm。

二维码4-4
建筑物外控法

此外，由于高层建筑工程量大，多设地下工程，又多为分期施工，且工期较长，施工现场变化较大，为保证工程的整体性和满足局部施工的精度要求，在实施高层建筑施工测量时，事先要定好测量方案，选择适当的测量仪器，并拟定出各种控制和检测的措施以确保放样的精度。

二、轴线的投测

高层建筑施工测量的主要任务是轴线的竖向传递，以控制建筑物的垂直偏差，做到正确地进行各楼层的定位放线。

二维码4-5
建筑物内控法

轴线竖向传递的方法很多，如沿柱中线逐层传递的方法比较简单，但容易产生累计误差，此法多用于多层建筑施工中。对于高层建筑常用的方法有经纬仪投测法、激光垂准仪投测法、吊线坠投测法等。

1. 经纬仪投测法（外控法）

高层建筑物在基础工程完工后，用经纬仪将建筑物的主要轴线从轴线控制桩上精确地引测到建筑物四面底部立面上，并设标志，以供向上投测和下一步施工用。同时在轴线的延长线上设置轴线引桩，引桩与楼的距离不小于楼高。

如图4-17所示，向上投测时，将经纬仪安置在引桩A上，严格整平仪器，照准基础侧壁上的轴线标志E_1，然后用正倒镜法把轴线投测到所需的楼面上，正倒镜所投点的中点即为投测轴线的一个端点E，同法分别在引桩B、C、D上安置经纬仪，分别投测出F、E'、F'点。连接轴线上的EE'和FF'即得到楼面上相垂直的两条中心轴线，根据这两条轴线，用平行推移法确定出其他各轴线。

当楼层数超过10层时，这时控制桩距离建筑物太近，而使望远镜的仰角过大，影响测设精度，须把轴线再延长，在距建筑物更远处或在附近大

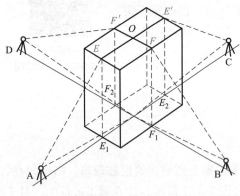

图4-17　轴线投测

楼屋面上，重新建立引桩，方法同上。

2. 吊线坠投测法（内控法）

此法是利用直径0.5~0.8mm的钢丝悬吊重10~20kg的特制大垂球，以底层轴线控制点为准，通过预留孔直接向各施工层投测轴线。每个点的投测应进行两次，两次投点的偏差在投点高度小于5m时不大于3mm，在高度为5m及以上时不大于5mm，即可认为投点无误，取其平均位置，将其固定下来。然后再检查这些点间的距离和角度，当与底层相应的距离、角度相差不大时，可作适当调整。最后根据投测上来的轴线控制点把其他轴线投测出来。施测中，如果采用的措施得当，如防止风吹或震动，使用线坠引测铅直线是既经济、简单，又直观、准确的方法。

三、高程传递

在高层建筑施工中，高程要由下层传递到上层，以使上层建筑的工程施工标高符合设计要求。

高层建筑底层±0.000m标高点可依据施工场地内的水准点来测设。±0.000m的高程传递一般用钢尺沿结构外墙、边柱和楼梯间等向上竖直量取，即可把高程传递到施工层上。用此法来传递高程时，一般高层建筑至少由三处底层标高点向上传递，以便于相互校核和适应分段施工的要求。由底层传递上来的同一层几个标高点，必须用水准仪进行校核，其误差应不超过±3mm。

四、现浇柱的施工测量

1. 柱子垂直度的测量

柱身模板支好后，必须用经纬仪检查校正柱子的垂直度。由于柱子在一条线上，现场通视较为困难，一般采用平行线投点法测量。如图4-18所示，先在柱子模板上端量出柱中心点，和柱下端的中心点相连并弹以墨线，然后在地面上测设柱下端中心点连线的平行线，平行线与中心线的距离一般为1m，由一人在模板上端持木尺，木尺的零点对准中线，并沿模板水平放置。经纬仪安置在距中线1m的B'点，照准A'，然后抬高望远镜观察木尺，若十字丝中丝正好照准尺上1m处，则柱模板在此方向上垂直，否则应校正上端模板，直至视线与尺上1m标志重合。

2. 模板标高的测设

柱模板垂直度校正好以后，在模板外侧引测一条比地面高0.5m的标高线，每根柱不少于两点，并注明标高数值。作为测量柱顶标高、安装铁件、牛腿支模等标高的依据。

向柱顶引测标高，一般选择不同行列的两、三根柱子，从柱子下面已测好的标高点处用钢尺沿柱身向上量距，在柱子上端模板上定两、三个同高程的点。然后在平台模板上支水准仪，以一标高点为后视点，施测柱顶模板标高，并闭合于另一标高点。

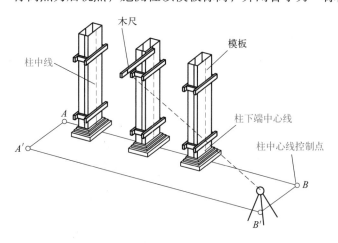

图4-18　柱子垂直度的测量

二维码4-6
高层建筑施工测量习题

3. 柱拆模后的抄平放线

柱拆模后，根据基础表面的柱中线，在下端侧面上标出柱中线位置，然后用吊线法或经纬仪投点法，将中点投测到柱上端的侧面上，并在每根柱侧面上测设高0.5m的标高线。

单元四　装配式单层工业厂房施工测量

一、装配式单层工业建筑施工测量的准备工作

工业建筑中以厂房为主，分单层和多层。目前，我国较多采用预制钢筋混凝土柱装配式单层厂房。施工中的测量工作包括：厂房矩形控制网测设，厂房柱列轴线放样，杯形基础施工测量，厂房构件与设备的安装测量等。进行放样前，除做好与民用建筑相同的准备工作外，还应做好以下两项工作。

1. 制定厂房矩形控制网放样方案

对于一般中、小型工业厂房，在其基础的开挖线以外约4m，测设一个与厂房轴线平行的矩形控制网，即可满足放样的需要。对于大型厂房或设备基础复杂的厂房，为了使厂房各部分精度一致，须先测设主轴线，然后根据主轴线测设矩形控制网。对于小型厂房，也可采用民用建筑定位的方法进行控制。

厂房矩形控制网的放样方案，是根据厂区平面图、厂区控制网和现场地形情况等资料制定的。主要内容包括确定主轴线、矩形控制网、距离指标桩的点位、形式，及其测设方法和精度要求等。在确定主轴线点及矩形控制网的位置时，必须保证控制点能长期保存，因此，要避开地上和地下管线，并与建筑物基础开挖边线保持1.5~4m的距离。距离指标桩的间距一般等于柱子间距的整倍数，但不超过所用钢尺的长度。如图4-19所示，矩形控制网R、S、P、Q四个点可根据厂区建筑方格网用直角坐标法进行放样，故其四个点的坐标是按四个厂房角点的设计坐标加减4m算得的。

2. 绘制放样略图

图4-19是根据设计总平面图和施工平面图，按一定的比例绘制的放样略图。图上标有厂房矩形控制网两个对角点S、Q的坐标，及R、Q点相对于方格网点下的平面尺寸数据。

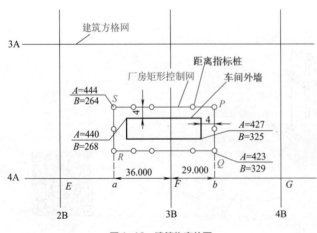

图4-19　建筑物定位图

二、施工测量的主要内容及原则

1. 施工测量的主要内容

① 在施工前建立施工控制网。

② 熟悉设计图纸，按设计和施工要求进行放样。

③ 检查并验收。每道工序完成后应进行测量检查。

2. 施工测量的原则

为了保证建筑物的相对位置及内部尺寸能满足设计要求，施工测量必须坚持"从整体到局部，先控制后碎部"的原则。即首先在施工现场，以设计阶段所建立的控制网为基础，建立统一的施工控制网，然后根据施工控制网来测设建筑物的轴线，再根据轴线测设建筑物的细部。

任务五　厂房控制网的测设

一、单一厂房控制网的测设

对于中、小型厂房而言，测设成一个四边围成的简单矩形控制网即可满足放线需求。

依据建筑方格网，按直角坐标法建立厂房控制网的方法。如图4-20所示，E、F、G、H是厂房边轴线的交点，F、H两点的建筑坐标已在总平面图中标明。P、Q、R、S是布设在基坑开挖边线以外的厂房控制网的四个角桩，称为厂房控制桩。控制网的边与厂房轴线相平行。测设前，先根据F、H的建筑坐标推算出控制点P、Q、R、S的建筑坐标，然后以建筑方格网点M、N为依据，计算测设数据。

测设时，根据放样数据，从建筑方格网点M起始，通过丈量，在地面上定出J、K两点，然后将经纬仪分别安置在J、K点上，采用直角坐标法测设出厂房控制点P、Q、R、S，并用大木桩标定。最后还应实测$\angle P$和$\angle R$，并与90°比较，误差不应超过10″；精密丈量QR的长度，与设计长度进行比较，相对误差不应超过1/10000。

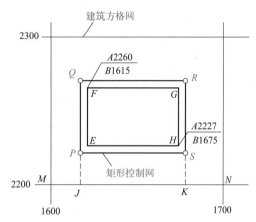

图4-20　建筑方格网

二、大型工业厂房控制网的测设

对于大型工业厂房、机械化传动性较高或有连续生产设备的工业厂房，需要建立有主轴线的较为复杂的矩形控制网。主轴线一般选定与厂房的柱列轴线相重合，以方便后面的细部放样。主轴线的定位点及控制网的各控制点应与建筑物基础的开挖线保持2~4m的距离，并能长期使用和保存。控制网的边线上，除厂房控制桩外，还应增设距离指示桩。桩位亦选在厂房柱列轴线或主要设备的中心线上，其间距一般为18m或24m，以便于直接利用指示桩进行厂房的细部测设。图4-21所示为某大型厂房的矩形控制网，主轴线AOB和COD分别选在厂房中间部位的柱列轴线Ⓑ和⑧轴上，P、Q、R、S为控制网的四个控制点。

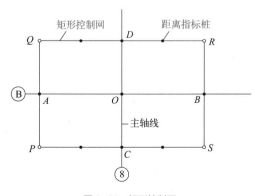

图4-21　矩形控制网

测设时，首先将长轴线AOB测定于地面，再以长轴线为依据测设短轴COD，并对短轴进行方向改正，使两轴线严格正交，交角的限差为±5″。主轴线方向确定后，从O点起始，用精密丈量的方法定出轴线端点，使主轴线长度的相对误差不超过1/50000。主轴线测定后，可测设矩形控制网，即通过主轴线端点测设90°角，交会出控制点P、Q、R、S；最后丈量控制边边线，其精度应与主轴线相同。若量距和角度交会得到的控制点位置不一致，应进行调整。边线量距时应同时定出距离指示桩。

任务六　厂房柱基的测设

一、厂房柱列轴线的投测

测定厂房矩形控制网之后，根据施工图上设计的柱距和跨度，用钢尺沿矩形控制网各边采用内分法测设了柱列轴线控制点位置，如图4-22所示，并用桩位标示出来。这些轴线共同构成了厂房柱网，它是厂房细部测设和施工的依据。

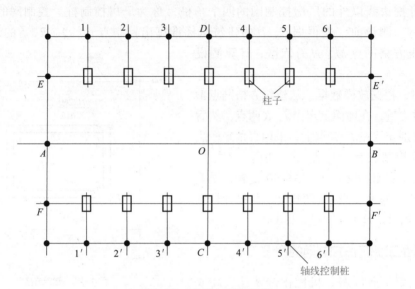

图4-22　测设柱列轴线控制桩

二、杯形基础的施工测量

杯形基础的放样应以柱列轴线为基线，按图纸中基础与柱列轴线的关系尺寸进行。现以图4-23所示两轴线交点处的基础图为例，说明混凝土杯形基础的放样方法。将两架经纬仪

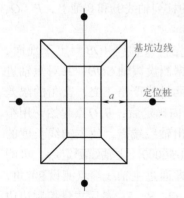

图4-23　基础定位桩

分别安置在两条轴线一端的控制桩上，瞄准各自轴线另一端的控制桩，交会出的轴线交点作为该基础的定位点。再在基坑边线外约1~2m处的轴线方向上打入4个小桩作为基础定位桩，如图4-23所示，并在桩上拉细绳，最后用特制的T形尺，按基础详图的尺寸和基坑放坡尺寸a放出开挖边线，并撒白灰标出。

三、杯形基础的抄平放线

1. 基坑抄平

基坑挖至接近设计标高时，在坑壁的四个角上测设相同高程的水平桩。桩的上表面与坑底设计标高一般相差0.3~0.5m，用作修正坑底和垫层施工的高程依据。

2. 基础模板定位

基础的混凝土垫层完成并达到一定的强度后，由基坑定位小木桩顶面的轴线钉拉细绳，用垂球将轴线投测到垫层上，并以轴线为基准定出基础边界，弹出墨线，作为立模板的依据。同时在模板的内表面用水准引测基础面的设计标高，并画线标明。在支底模板时，应注意使浇灌后的杯底标高比设计标高略低 3~5cm，以便拆模后填高修平杯底。

3. 杯口放线

根据轴线控制，用经纬仪把柱中线投测到基础顶面上，做好标记，供吊装柱子时使用。并把杯口中线引测到杯底，在杯口立面上弹墨线，并检查杯底尺寸是否符合要求。为了修平杯底，须在杯口内壁测设一条比基础顶面略低 10cm 的标高线，或一条与杯底设计标高的距离为整分米数的标高线（图4-24）。

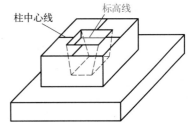

图4-24　测设杯内标高线

任务七　厂房构件的安装测量

一、柱子的安装测量

1. 测量精度要求

在厂房构件安装中，首先应进行牛腿柱的吊装。柱子安装质量的好坏对以后安装的其他构件如吊车梁、吊车轨道、屋架等的安装质量产生直接影响，因此，必须严格遵守下列限差要求：

① 柱脚中心线与柱列轴线之间的平面尺寸容许偏差为±5mm。

② 牛腿面的实际标高与设计标高的容许误差，当柱高在5m以下时为±5mm，5m及以上时为±8mm。

③ 柱的垂直度容许偏差为柱高的1/1000，且不超过20mm。

2. 安装前的准备工作

首先将每根柱子按轴线位置编号，并检查柱子尺寸是否满足设计要求。然后在柱身的三个侧面用墨线弹出柱中心线，每面在中心线上按上、中、下用红漆划出"▲"标志，以供校正时对照。最后，还要调整杯底标高，标准是杯底标高加上柱底到牛腿面的长度等于牛腿面的设计标高，即公式：

$$H_面 = H_底 + L$$

式中　$H_面$——牛腿面的设计标高；

　　　$H_底$——基础杯底的标高；

　　　L——柱底到牛腿面的设计长度。

调整杯底标高的具体做法：先根据牛腿面设计标高，沿柱子的中心线用钢尺量出一标高线，与杯口基础内壁上已测设的标高线相同，分别量出杯口内标高线至杯底的高度，与柱身上的标高线至柱底的高度进行比较，确定找平厚度后修整杯底，使牛腿面标高符合设计要求。

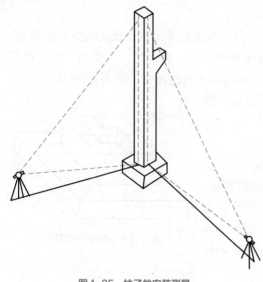

图4-25　柱子的安装测量

3. 柱子安装时的测量工作

在柱子被吊入基础杯口，柱脚已经接近杯底时，应停止吊钩的下落，使柱子在悬吊状态下进行就位。就位时，将柱中心线与杯口顶面的定位中心对齐，并使柱身概略垂直，然后在杯口处插入木楔或钢楔块，柱身脱离吊钩，柱脚沉到杯底后，还应复查中线的对位情况，再用水准仪检测柱身上已标定的±0.000。确定高程定位误差。这两项检测均符合精度要求之后将楔块打紧，使柱初步固定，然后进行竖直校正。

如图4-25所示，在基础纵、横柱列轴线上与柱子的距离不小于1.5倍柱高的位置，各安置一台经纬仪，瞄准柱下部的中心线，固定照准部，再仰视柱顶，当两个方向上柱中心线与十字丝的竖丝均重合时，说明柱子是竖直的；若不重合，则应在两个方向先后进行垂直度调整，直到重合为止。

二、吊车梁的安装测量

吊车梁安装时，测量工作的主要任务是使安置在柱子牛腿上的吊车梁的平面位置、顶面标高及梁端面中心线的垂直度均符合设计要求。

1. 吊车梁安装时的中线测量

在吊车梁安装前，在两端面上弹出梁的中心线，然后根据厂房控制网或柱中心线，在地面上测设出两端的吊车梁中心线的控制桩。并在一端点安置经纬仪，瞄准另一端，将吊车梁中心线投测在每根柱子牛腿面上，并弹出墨线，吊装时吊车梁中心线与牛腿上中心线对齐，其允许误差为3mm。若投射时视线受阻，可从牛腿面上悬吊锤球来确定位置。安装完毕后，用钢尺丈量吊车梁中心线间距，即吊车轨道中心线间距，检验是否符合行车跨度，其偏差不得超过±5mm，如图4-26所示。

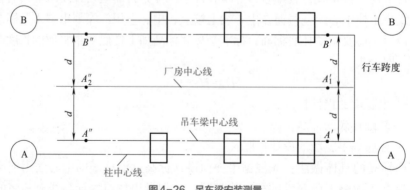

图4-26　吊车梁安装测量

2. 吊车梁安装时的高程测量

平面完成定位后，应进行吊车梁顶面标高检查。检查时，先在柱子侧面测设出一条

±50cm的标高线，用钢尺自标高线起沿柱身向上量至吊车梁顶面，求得标高误差。由于安装柱子时，已根据牛腿顶面至柱底的实际长度对杯底标高进行了调整，因而吊车梁的标高一般不会有较大的误差。另外，还应用吊垂球检查吊车梁端面中心线的垂直度。对于标高和垂直度存在的误差，可在梁底支座处加垫板纠正。

三、屋架的安装测量

屋架吊装前，用经纬仪或其他方法在柱顶面放出屋架定位轴线，并应弹出屋架两端头的中心线，以便进行定位。屋架吊装就位时，应使屋架的中心线和柱顶上的定位线对准，允许误差为±5mm。

屋架的垂直度可用垂球或经纬仪进行检查。用经纬仪时，可在屋架上安装三把卡尺，如图4-27所示，一把卡尺安装在屋架上弦中点附近，另外两把卡尺分别安装在屋架的两端。自屋架几何中心沿卡尺向外量出一定距离，一般为500mm，并做标志。然后在地面上距屋架中心线同样距离处安置经纬仪，观测三把卡尺上的标志是否在同一竖直面内，若屋架竖向偏差较大，则用机具校正，最后将屋架固定。

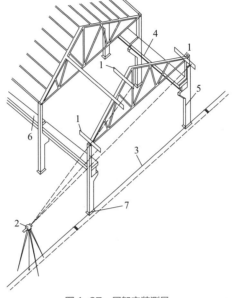

图4-27　屋架安装测量
1—卡尺；2—经纬仪；3—定位轴线；
4—屋架；5—柱；6—吊木架；7—基础

二维码4-7
装配式单层工业厂房
施工测量习题

单元五　曲线型建筑物施工测量

建筑工程中经常会看到由曲线组成的曲面体，如圆弧形体、拱形体、折板、壳体等。曲线体由于有柔顺视觉空间和合理的受力性能，深受建筑师和结构师的青睐。

在几何上曲线可以看作是一个点按一定规律运动的轨迹。曲线上各点都是在同一平面上的称为平面曲线，如圆、椭圆、抛物线、双曲线等。曲线上各点不全在同一平面上的称为空间曲线，如螺旋线等。曲面可以看成是由直线或曲线在空间按一定规律运动而形成的。由直线运动而形成的曲面称为直线曲面，由曲线运动而形成的曲面称为曲线曲面。

曲线体之所以经常出现在结构中，主要是因为它的形状有一定的受力合理性，如拱形结构在特定的荷载下，可以确定出没有弯矩的合理轴线。另外有的曲面体可以充分利用空间，提高空间的利用率，如仓库就是利用对称拱，提高空间利用率。

任务八　曲线型建筑物的施工测量

一、圆弧形建筑物的施工放样

圆弧形建筑物应用比较广泛，如住宅、办公楼、饭店、交通建筑等。其形式也多种多样，有的是整个建筑物为圆弧形平面，有的则是建筑物的局部采用圆弧曲线。圆弧形平面建筑物的现场施工放样方法很多，一般有：直接拉线法、几何作图法、坐标计算法和经纬仪测角法。实际作业中，应根据现场的条件及图纸上给定的定位条件，采用相应的施工放样方法。

下面主要讲述直接拉线法和坐标计算法的施测方法。

（一）直接拉线法

这种施工方法比较简单，适用于圆弧半径较小的情况。根据设计总平面图，先定出建筑物的中心位置和主轴线，再根据设计数据，即可进行施工放样操作。其施测方法如下：

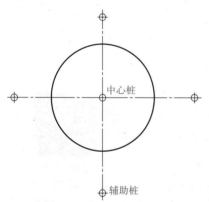

图4-28　直接标定圆形建筑物

如图4-28所示，根据设计总平面图，实地测设出圆的中心位置，并设置较为稳定的中心桩。由于中心桩在整个施工过程中要经常使用，所以桩要设置牢固并应妥善保护。同时，为防止中心桩发生碰撞移位或因挖土被挖出等，四周应设置辅助桩，以便对中心桩加以复核或重新设置，确保中心桩位置正确。使用木桩时，木桩中心处钉一小钉；使用水泥桩时，在水泥桩中心处应埋设钢筋。

将钢尺的零点对准中心桩上的小钉或钢筋，以此为圆心，依据设计半径，画圆弧即可测设出圆曲线。

（二）坐标计算法

坐标计算法是当圆弧形建筑平面的半径尺寸很大，圆心已远远超出建筑物平面以外，无法用直接拉线法时所采用的一种施工放样方法。

坐标计算法，一般是先根据设计平面图所给条件建立直角坐标系，进行一系列计算，并将计算结果列成表格，根据表格再进行现场施工放样。因此，该法的实际现场施工放样工作比较简单，而且能获得较高的施工精度。

如图4-29所示，一圆弧形建筑物平面，圆弧半径 $R=90\text{m}$，弦长 $AB=40\text{m}$，其施工放样步骤如下：

1. 计算测设数据

（1）建立直角坐标系　以圆弧所在圆的圆心为坐标原点，建立 xOy 平面直角坐标系。圆弧上任一点的坐标应满足方程 $x^2 + y^2 = R^2$，亦即

$$x = \sqrt{R^2 - y^2} \tag{4-4}$$

（2）计算圆弧分点的坐标　用 $y=\pm0\text{m}$，$y=\pm4\text{m}$，$y=\pm8\text{m}$，$y=\pm12\text{m}$，$y=\pm16\text{m}$，$y=\pm20\text{m}$ 的直线去切割弦 AB 和弧 AB，得与

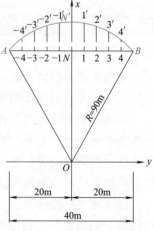

图4-29　圆弧形建筑物平面图

弦AB的交点N、1、2、3、4和-1、-2、-3、-4以及与圆弧AB的交点N'、1'、2'、3'、4'和-1'、-2'、-3'、-4'。将各分点的横坐标代入式（4-4）中，可得各分点的纵坐标为

$$x_{N'} = \sqrt{90^2 - 0^2} = 90.000 \text{（m）}$$

$$x_{1'} = \sqrt{90^2 - 4^2} \approx 89.911 \text{(m)}$$

……

弦AB上的各交点的纵坐标都相等，即

$$x_N = x_1 = \cdots = x_4 = x_B = 87.750 \text{（m）}$$

（3）计算矢高　即

$$NN' = x_{N'} - x_N = 90.000 - 87.750 = 2.250 \text{（m）}$$

$$11' = x_{1'} - x_1 = 89.911 - 87.750 = 2.161 \text{（m）}$$

……

计算出的放样数据如表4-1所示。

表4-1　圆弧曲线放样数据

弦分点	A	-4	-3	-2	-1	N	1	2	3	4	B
弧分点	A	-4'	-3'	-2'	-1'	N'	1'	2'	3'	4'	B
y/m	-20	-16	-12	-8	-4	0	4	8	12	16	20
矢高/m	0	0.816	1.446	1.894	2.161	2.250	2.161	1.894	1.446	0.816	0

2. 实地放样

① 根据设计总平面图的要求，先在地面上定出弦AB的两端点A、B，在弦AB上测设出各弦分点的实地点位。

② 用直角坐标法或距离交会法测设出各弧分点的实地位置，将各弧分点用圆曲线连接起来，得到圆曲线AB，用距离交会法测设各弧分点的实地位置时，需用勾股定理计算出N1'、12'、23'和34'等线段的长度。

二、椭圆形建筑物的施工放样

椭圆形建筑物较多地使用在公共建筑，尤其是大型体育馆中。这是因为椭圆形的建筑具有可合理地利用空间的性质，同时在各个方位都能获得良好的清晰度，并能获得均匀的深度感和高度感等优点。椭圆形建筑的施工放样方法很多，常用的方法有直接拉线法、几何作图法和坐标计算法等。

（一）直接拉线法

这种施工放样方法多适用于椭圆形平面尺寸较小的情况。其操作步骤如下：

① 如图4-30（a）所示，根据总设计平面图，在实地测设出椭圆的中心点O的位置和主轴线CD的方向，然后在O点安置经纬仪，精确测设出长轴AB的位置。

② 根据已知曲线长轴AB、短轴CD、曲线参数及公式（AB=2a，CD=2b，椭圆的方程为 $\frac{x^2}{a^2} + \frac{y^2}{b^2} = 1$），计算焦距c值，即

$$c = \sqrt{a^2 - b^2} \tag{4-5}$$

由 $F_1 F_2 = 2c$，确定焦点 F_1、F_2 的位置。

③ 测设焦点 F_1 和 F_2，并建立较为牢固的木桩或水泥桩。

④ 取一根细铁丝，其长度等于 F_1C+F_2C，如图4-30（b）所示，将其两端固定在焦点 F_1 和 F_2 上，然后用圆铁棍或木棍套住细铁丝后拉紧并缓缓移动，即可得到一条符合设计要求的椭圆形曲线，然后每隔若干距离打桩作标志（注意在画曲线过程中，用力应始终保持一致）。

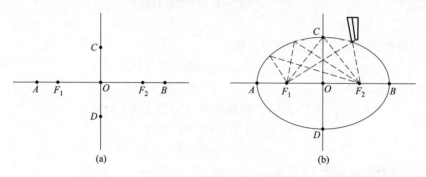

图4-30 直接标定椭圆曲线

（二）几何作图法

当椭圆形平面的尺寸较大时，常采用几何作图法进行现场施工放样。椭圆的几何作图法有同心圆法、四心圆法和相切圆法三种。最常用的方法是四心圆法，即先在图纸上求出四个圆心的位置和半径值，再去实地进行测设，其操作步骤如下：

① 如图4-31所示，根据设计图纸提供的长轴 AB、短轴 CD 的尺寸，采用1：100~1：500的比例，用四心圆法在图纸上作一椭圆。

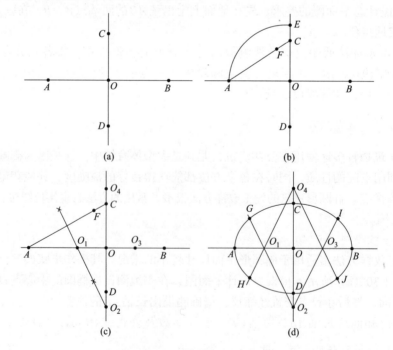

图4-31 几何作图法标定椭圆曲线

a. 作椭圆的长轴 AB 和短轴 CD，交点为 O。

b. 以 O 点为圆心，OA 为半径作圆弧，交 CD 延长线于 E 点；再以 C 为圆心，CE 为半径

作圆弧 EF 交 AC 于 F 点。

c. 作 AF 的垂直平分线交长轴于 O_1 点，又交短轴（或其延长线）于 O_2 点，在 AB 上截取 $OO_3=OO_1$，在 CD 轴上截取 $OO_4=OO_2$。

d. 分别以点 O_1、O_2、O_3、O_4 为圆心，以 O_1A、O_2C、O_3B、O_4D 为半径作圆弧，使各弧段在 O_2O_1、O_2O_3 和 O_4O_1、O_4O_3 的延长线相交，得 G、I、H、J 四个交点，把此四点连接，即得近似的椭圆曲线。

② 按总平面图设计位置，在现场定出椭圆形平面的中心点 O 及主轴线方向，并用经纬仪测设出长轴和短轴的方位，确定四个顶点 A、B、C、D。

③ 根据已得的数值，测设 O_1、O_2、O_3、O_4 的位置，并打好桩，在圆心部分钉上铁钉。

④ 连接四个圆心并延长，在延长线上测定点 G、H、I、J（$O_1G=O_1H=O_3I=O_3J=O_1A=O_3B$）。

⑤ 分别以点 O_1、O_2、O_3、O_4 为圆心，按相应的半径用直接拉线法作圆弧曲线，所得的封闭曲线即为所要求测设的椭圆形平面曲线。

（三）坐标计算法

当椭圆形平面曲线的尺寸较大或是不能采用直线拉线法和几何作图法进行施工放样时，常采用坐标计算法，即用椭圆的标准方程，计算出椭圆曲线上各点的 x、y 值，计算方法和圆弧曲线的坐标计算相同，并将计算结果列成表格，根据表格数据再进行现场施工放样。

如图 4-32（a）所示，某体育馆的平面形状为椭圆形，椭圆的长半轴为 40m，短半轴为 30m，试用坐标计算法进行现场施工放样。

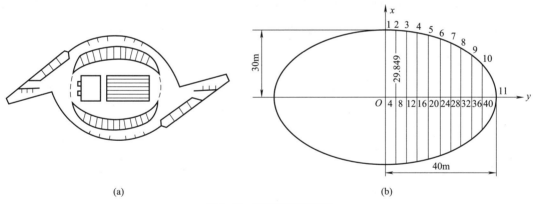

(a)　　　　　　　　　　　　　　　　　(b)

图 4-32　椭圆形建筑平面图

1. 计算测设数据

① 建立坐标系。分别以椭圆的短轴和长轴为 x、y 轴，以长、短轴的交点为原点，建立如图 4-32（b）所示的 xOy 坐标系。若椭圆的短半轴为 a，长半轴为 b，则椭圆上任一点的坐标应满足方程：

$$\frac{x^2}{a^2}+\frac{y^2}{b^2}=1$$

亦即

$$x=\pm\frac{a}{b}\sqrt{b^2-y^2} \tag{4-6}$$

② 计算弧分点的坐标。用 $y=0$、$y=\pm4$m、$y=\pm8$m、…、$y=\pm40$m 的直线去割椭圆，可得

等弦分点1~11。将a=30m、b=40m及各等弦分弧点的横坐标代入式（4-6），计算出各等弦分弧点的纵坐标，如表4-2所示。由于椭圆的对称性，这里只计算第一象限的弧分点坐标。

表4-2 椭圆曲线测设数据

弧分点	1	2	3	4	5	6	7	8	9	10	11
y/m	0	4	8	12	16	20	24	28	32	36	40
x/m	30	29.850	29.394	28.618	27.495	25.981	24.000	21.421	18.000	13.077	0

2. 实地放样

① 根据平面设计，实地测设椭圆形平面的中心位置点O和主轴线方位，即以主轴线为y轴，并将经纬仪安置在O点，测设出x轴的方向。即建立直角坐标系。

② 根据各弧分点的坐标，利用直角坐标法将各弧分点在实地标定出来，最后设置龙门板施工标志。

三、双曲线形建筑物的施工放样

具有双曲线平面的建筑多用于公共高层建筑中，如会议厅、办公楼、体育馆等。双曲线平面图形的现场施工放样多采用坐标计算法。

如图4-33（a）所示，某会议厅的建筑平面呈双曲线形，平面设计尺寸如图中所示，双曲线的实轴长度为26m，用坐标计算法进行现场施工放样。

1. 计算测设数据

① 建立坐标系。以双曲线的中心为坐标原点，建立坐标系，横轴设为y轴，纵轴设为x轴。设双曲线的实半轴长度为a，虚半轴长度为b，则双曲线上任一点应满足方程$\dfrac{y^2}{a^2} - \dfrac{x^2}{b^2} = 1$。

将B_2点的坐标B_2（31，22）及a=13m代入双曲线方程，可算得$b \approx 22.706$m，所以双曲线方程为

$$\frac{y^2}{13^2} - \frac{x^2}{22.706^2} = 1$$

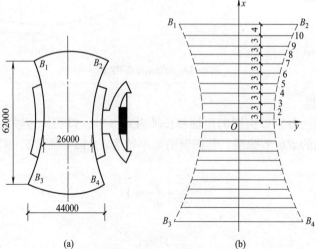

(a)   (b)

图4-33 双曲线形建筑平面图（单位：mm）

亦即
$$y = \pm\frac{13}{22.706}\sqrt{x^2 + 22.706^2}$$
(4-7)

② 计算弧分点的坐标。用 $x=0$、$x=\pm3m$、$x=\pm6m$、…、$x=\pm27m$ 和 $x=\pm31m$ 的直线去切割双曲线，可得等弦弧分点 1~10 和 B_2。将各弧分点的纵坐标代入式（4-7），计算出各弧分点的横坐标，如表4-3所示。由于双曲线的对称性，这里只计算第一象限的弧分点的坐标。

表4-3　双曲线测设数据

弧分点	1	2	3	4	5	6	7	8	9	10	B_2
x/m	0	3	6	9	12	15	18	21	24	27	31
y/m	13.00	13.11	13.45	13.98	14.70	15.58	16.59	17.71	18.92	20.20	22.00

2. 实地放样

① 根据总平面图，测设出双曲线平面图形的中心位置点 O 和主轴线（x、y 轴）方向。

② 在 x 轴，以点 O 为对称点，向上、向下分别取 3m、6m、…、27m、31m，将经纬仪分别架设在这些点上，再根据表4-3中所列数值，定出相应的各弧分点 2、3、…、10、B_2，最后将各点连接起来，即可得到符合设计要求的双曲线平面图形，如图4-33（b）所示。

③ 各分弧点确定后，在相应位置设置龙门桩（板）。

四、抛物线建筑物的施工放线

当平面上动点 P 到定点 F 和动点 P 到定直线 d 的距离相等时，点 P 的轨迹称为抛物线，如图4-34（a）所示。F 称为焦点，d 为准线，过 F 引 d 的垂直线是抛物线的对称轴。抛物线的标准方程为

$$y^2 = 2Px$$

式中，P 为正数。

因为采用坐标系不同，曲线的方程式也不同。在建筑工程测量中的坐标系和数学中的坐标系有所不同，即 x 轴和 y 轴正好相反，故应注意。建筑工程中对于拱形屋顶大多采用抛物线形式。

采用标准公式作出的曲线，在工程上的例子有"远播墙"，利用抛物线的焦点作为声源，把声音有方向地传播出去。探照灯也是如此，把光源放在焦点处就可以了，如图4-34（b）所示。

在数学坐标系中，用拉线法放抛物线方法如下：

① 用墨斗弹出 x、y 轴，在 x 轴上点上已知顶点 O 和焦点 F、准线点的位置，并在 F 点钉上一颗钉子。

② 作准线：用曲尺经过准线点作 x 轴的垂线 d，将一根光滑的细铁丝拉紧并与准线重合，两端钉上钉子固定。

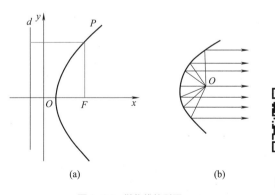

图4-34　抛物线的利用

二维码4-8
曲线型建筑物
施工测量习题

③ 将等长的两根线绳松松地搓成一股，一端固定在 F 点的钉子上，另一端用活套环套在准线铁丝上，使线绳能沿准线滑动。

④ 将铅笔夹在两线绳交叉处，从顶点开始往后拖，使所搓的线绳逐渐展开，在移动铅笔的同时，应将套在准线上的线头徐徐向 y 方向移动，并用曲尺掌握方向，使这股绳一直保持与 x 轴平行，便可画出抛物线。

单元六　精密施工测量

　　建筑施工测量学科是一门应用学科，它是直接为国民经济建设和国防建设服务，紧密与生产实践相结合的学科，是测绘学中最活跃的一个分支学科。施工测量有着悠久的历史，近20年来，随着测绘科技的飞速发展，施工测量的技术面貌发生了深刻的变化，并取得很大的成就。主要原因：一是科学技术的新成就，电子计算机技术、微电子技术、激光技术、空间技术等新技术的发展与应用，以及测绘科技本身的进步，为施工测量技术进步提供了新的方法和手段；二是改革开放以来，城市建设不断扩大，各种大型建筑物和构筑物的建设工程、特种精密建设工程等不断增多，对施工测量不断提出新任务、新课题和新要求，使施工测量的服务领域不断拓宽，有力地推动和促进着工程测量事业的进步与发展。随着传统测绘技术向数字化测绘技术转化，我国面向21世纪的施工测量技术的发展趋势和方向是：测量数据采集和处理的自动化、实时化、数字化；测量数据管理的科学化、标准化、规格化；测量数据传播与应用的网络化、多样化、社会化。GPS技术、RS技术、GIS技术、数字化测绘技术以及先进地面测量仪器等将广泛应用于施工测量中，并发挥其主导作用。

　　智能机器人将作为多传感器集成系统在人工智能方面得到进一步发展，其应用范围将进一步扩大，影像、图形和数据处理方面的能力进一步增强。在变形观测数据处理和大型工程建设中，将发展基于知识的信息系统，并进一步与大地测量、地球物理、工程与水文地质以及土木建筑等学科相结合，解决工程建设中以及运行期间的安全监测、灾害防治和环境保护的各种问题。

任务九　精密施工测量

一、智能机器人

　　现在很多项目引进了放样机器人——NTS-591全站仪进行测量，利用其快速、精准、智能、操作简便、劳动力需求少的优势，将BIM模型中的数据直接转化为现场的精准点位。接下来以南方测绘公司的NTS-591全站仪为例，来介绍智能机器人。

二维码4-9
智能机器人

（一）NTS-591全站仪的特点

1. 功能丰富

本系列全站仪具备丰富的测量程序，同时具有数据存储功能、参数设置功能，功能强大，适用于各种专业测量和工程测量。

2. 触摸屏操作快速简单

本系列全站仪采用安卓版手机化触摸屏技术，操作快速简单。采用安卓手机系统使得用户对仪器的操作更加得心应手，大大提高了操作的速度及测量的效率。

3. 接口多样

支持SD存储卡，支持优盘，支持USB与电脑进行连接。可通过蓝牙与掌上电脑进行连接以完成测量。这一特点使数据传输变得简单易行。

4. 能进行自动化数据采集

野外自动化的数据采集程序，可以自动记录测量数据和坐标数据，可直接与计算机进行数据传输，实现真正的数字化测量。

5. 硬件配置先进

本系列全站仪在原有的基础上，对外观及内部结构进行了更加科学合理的设计，采用了各种先进的技术，包括超远距离的免棱镜测距技术、最新一代的绝对编码技术、高精度的双轴补偿技术、最新结构的高强度大身等。

6. 具备特殊测量程序

在具备常用的基本测量模式（角度测量、距离测量、坐标测量）之外，还具有包括道路软件在内的各种测量程序、计算程序，功能相当丰富，可满足各种专业测量的要求。并且可以根据具体情况进行定制。

7. 操作界面和菜单使用方便

本系列全站仪采用了全新的界面，一般情况下只设有二级菜单，大大加快了进入功能程序的速度。

（二）全站仪的构造

全站仪的型号很多，但各种型号的基本结构大致相同。南方测绘仪器公司生产的NTS-591全站仪构造如图4-35所示。下面重点介绍全站仪的反射棱镜和电池。

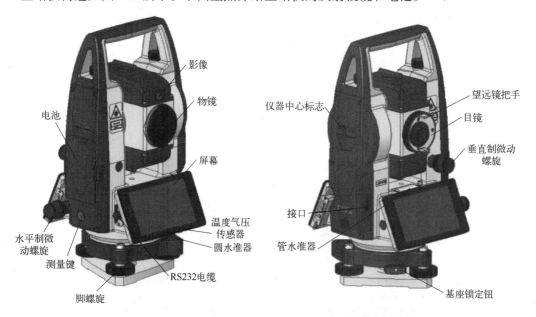

图4-35　全站仪的构造

1. 反射棱镜

全站仪在进行距离测量等作业时，须在目标处放置反射棱镜。反射棱镜有单棱镜组和三棱镜组，可通过基座连接器将棱镜连接在基座上并安置到三脚架上，也可直接安置在对中杆上。棱镜组由用户根据作业需要自行配置。南方测绘仪器公司生产的棱镜组如图4-36所示。

图4-36　全站仪反射棱镜

2. 电池

① 电池充电。电池充电应用专用充电器，本仪器配用NC-V充电器。充电时先将充电器接好电源（220V），从仪器上取下电池盒，将充电器插头插入电池盒的充电插座。

② 取下机载电池盒时注意：每次取下电池盒时，都必须先关掉仪器电源，否则仪器易损坏。

③ 充电时注意事项：

尽管充电器有过充保护回路，充电结束后仍应将插头从插座中拔出；

要在0~±45℃温度范围内充电，超出此范围则可能充电异常；

如果充电器与电池已连接好，指示灯却不亮，则此时充电器或电池可能损坏，应修理。

④ 存放时注意事项：

电池完全放电会缩短其使用寿命；

为更好地获得电池的最长使用寿命，请保证每月充电一次。

（三）全站仪的放样

在放样之前要进行设站。放样界面菜单如图4-37所示。

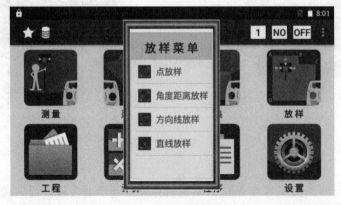

图4-37　放样界面菜单

1. 点放样

调用一个已知点进行放样，如图4-38所示。

点名：放样点的点名。

镜高：当前的棱镜高。

【＋】：调用或者新建一个放样点。

【上点】：当前放样点的上一点，当前是第一个点时没有变化。

【下点】：当前放样点的下一点，当前是最后一个点时没有变化。

正确：当前值为正确值。

左转、右转：仪器水平角应该向左或者向右旋转的角度。

移近、移远：棱镜相对仪器移近或者移远的距离。

瞄准（向右、向左）：棱镜向左或者向右移动的距离。

挖方、填方：棱镜向上或者向下移动的距离。

HA：放样的水平角度。

HD：放样的水平距离。

Z：放样点的高程。

【存储】：存储前一次的测量值。

【测量】：进行测量。

【数据】：显示测量的结果。

【图形】：显示放样点、测站点、测量点的图形关系。

2. 角度距离放样

通过输入测站与待放样点间的距离、角度及高程值进行放样，如图4-39所示。

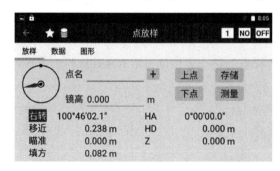

图4-38　点的放样　　　　　图4-39　角度距离的放样

镜高：当前的棱镜高。

正确：当前值为正确值。

左转、右转：仪器水平角应该向左或者向右旋转的角度。

移近、移远：棱镜相对仪器移近或者移远的距离。

瞄准（向右、向左）：棱镜向左或者向右移动的距离。

挖方、填方：棱镜向上或者向下移动的距离。

HA：输入放样的水平角度。

HD：输入放样的水平距离。

Z：放样点的高程。

【存储】：存储前一次的测量值。

【测量】：进行测量。

【数据】：显示测量的结果。

【图形】：显示放样点、测站点、测量点的图形关系。

3. 方向线放样

通过输入一个已知点的方位角、平距、高差来得到一个放样点的坐标进行放样，如图4-40所示。

点名：输入或者调用一个点作为已知点。

方位角：从已知点到待放样点的方位角。

平距：待放样点与已知点的平距。

高差：待放样点与已知点的高差。

【下一步】：完成输入，进入下一步的放样操作，如图4-41所示。

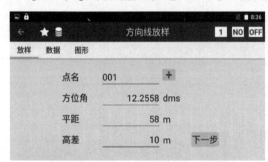

图4-40　方向线的放样

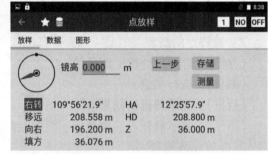

图4-41　点的放样完成图

【上一步】：返回上一步中输入界面。

4. 直线放样

已知两点，输入这两个点形成的直线与待放样点的三个方位偏差距离来计算得到待放样点的坐标，如图4-42所示。

起始点：输入或者调用一个已知点作为起始点。

结束点：输入或者调用一个已知点作为结束点。

左、右：向左或者向右偏差的距离。

前、后：向前或者向后偏差的距离。

上、下：向上或者向下偏差的距离。

图4-42　直线放样

图4-43　直线放样界面

【下一步】：根据上面的输入计算出放样点的坐标，进入下一步的放样界面，如图4-43所示。

【上一步】：返回上一步中输入界面。

5. 直线点放样

已知两点，输入待放样点与这两个点的左右、前后、上下距离和旋转角来计算得到待放样点的坐标，如图4-44和图4-45所示。

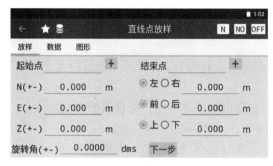

图4-44　直线点放样　　　　　　　　　　图4-45　直线点放样界面

二、RTK系统

RTK（实时动态）是一种新的常用的卫星定位测量方法。以前的静态、快速静态、动态测量都需要事后进行解算才能获得厘米级的精度，而RTK是能够在野外实时得到厘米级定位精度的测量方法。它采用了载波相位动态实时差分方法，是GPS应用的重大里程碑，它的出现为工程放样、地形测图、各种控制测量带来了新的测量原理和方法，极大地提高了作业效率。接下来以南方测绘公司的创享测量系统为例，针对如何使用RTK系统作业进行讲解。

二维码4-10
创享RTK

（一）产品功能

1. 控制测量

双频系统静态测量，可准确完成高精度变形观测、像控测量等。

2. 公路测量

配合"工程之星"能够快速完成控制点加密、公路地形图测绘、横断面测量、纵断面测量等。

3. CORS应用

依托南方测绘公司CORS的成熟技术，为野外作业提供更加稳定便利的数据链。同时无缝兼容国内各类CORS应用。

4. 数据采集测量

能够完美地配合南方测绘公司各种测量软件，做到快速、方便地完成数据采集。

5. 放样测量

可进行大规模点、线、平面的放样工作。

6. 电力测量

可进行电力线测量定向、测距、角度计算等工作。

7. 水上应用

可进行海测、疏浚、打桩、插排等，使水上作业更加方便，轻松。

（二）产品特点

1. 5G通信网络（选配）

5G全新网络架构，享受高速率、低延时网络体验。

2. 内置电台，外置性能

采用全新电台通信技术，实现内置电台15km极限收发，为野外作业带来轻量、便捷、持久的三重愉悦体验。

3. 语音智能交互，多一种可能

具备智能语音算法技术，用语音即可完成基础模式切换。

4. 全星座接收

支持现行主流卫星全面接入，"北斗三代+伽利略"全新收发，单北斗系统定位无忧畅享。

5. 智能存储

内置64G固态存储，并支持外接U盘存储，支持自动循环存储，磁盘满即自动删除。

6. eSIM

采用eSIM技术，内嵌eSIM芯片，不用插卡，实时提供网络资源，保障主机网络作业持续在线；支持外置卡方案。

7. 内外双网络天线

支持内置、外置网络天线切换。内嵌网络天线，满足绝大部分场景应用；外置网络天线，极限环境表现更优（默认使用内置网络天线）。

同时还兼有惯导倾斜测量、NFC近场通信、Wi-Fi数据链、高清触摸液晶屏、双网络天线、星链（选配）、全地形广域测量、全开放坐标体系、智能"星基站"、断点续测（选配）、电台中继、网络路由、智能平台等。总之RTK是一个完整的智能系统，结合网页版数据云服务平台，实现在线注册等远程管理、数据交互服务。

（三）创享测量系统组成

创享测量系统主要由主机、手簿、配件三大部分组成，如图4-46所示。

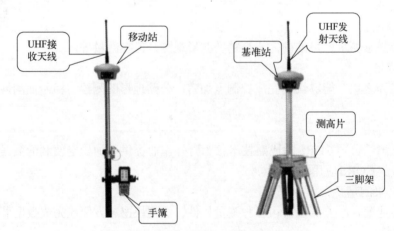

图4-46　创享测量系统示意图

（四）RTK作业

RTK技术是全球卫星导航定位技术与数据通信技术相结合的载波相位实时动态差分定位技术，包括基准站和移动站。基准站将其数据通过电台或网络传给移动站后，移动站进行差分解算，便能够实时地提供测站点在指定坐标系中的坐标。

根据差分信号传播方式的不同，RTK分为电台模式和网络模式两种，以下主要介绍电台模式，如图4-47所示。

1. 架设基准站

基准站一定要架设在视野比较开阔、周围环境比较空旷、地势比较高的地方；避免架在高压输变电设备附近、无线电通信设备收发天线旁边、树荫下以及水边，这些地点都对GPS信号的接收以及无线电信号的发射产生不同程度的影响。基准站架设步骤如下：

① 将接收机设置为基准站内置电台模式；

② 架好三脚架，放电台天线的三脚架最好放到高一些的位置，两个三脚架之间保持至少三米的距离；

③ 用测高片固定好基准站接收机（如果架在已知点上，需要用基座并做严格的对中整平），打开基准站接收机。

图4-47　内置电台基站模式

2. 启动基准站

第一次启动基准站时，需要对启动参数进行设置，设置步骤如下：

① 操作：点击"配置"→"仪器设置"→"基准站设置"，点击"基准站设置"则默认将主机工作模式切换为基准站，如图4-48所示。

② 差分格式：一般都使用国际通用的 RTCM32差分格式。

③ 发射间隔：选择1s发射一次差分数据。

④ 基站启动坐标：如图4-49所示，如果基站架设在已知点，可以直接输入该已知控制点坐标作为基站启动坐标（建议输入经纬度坐标作为已知点坐标启动；若对已知点输入地方坐标或平面坐标启动，务必先在"工程之星"手簿上将参数设置好并使用，再输入地方坐标或平面坐标启动）；如果基站架设在未知点，可以点击"外部获取"按钮，然后点击"获取定位"直接读取基站坐标来作为基站启动坐标。

图4-48　基准站设置　　　　　图4-49　基站启动坐标设置

⑤ 天线高：有直高、斜高、杆高（推荐）、侧片高四种，并对应输入天线高度（随意输入）。

⑥ 截止角：建议选择默认值（10）。

⑦ PDOP：位置精度因子，一般设置为4。

⑧ 数据链：内置电台。

⑨ 数据链设置：

通道设置：1~16通道选其一。

功率档位：有"HIGH"和"LOW"两种功率。

空中波特率：有"9600"和"19200"两种（建议选择9600）。

协议：Farlink（注意基站与移动站协议要一致）。

以上设置完成后，点击"启动"即可发射。

 注意

判断电台是否正常发射的标准是数据链灯是否有规律闪烁。

第一次启动基站成功后，以后作业如果不改变配置，可直接打开基准站，主机即可自动启动发射。

3. 架设移动站

确认基准站发射成功后，即可开始移动站的架设，如图4-50所示。步骤如下：

① 将接收机设置为移动站电台模式。

② 打开移动站主机，将其固定在碳纤对中杆上面，拧上UHF接收天线。

③ 安装好手簿托架和手簿。

4. 设置移动站

移动站架设好后需要对移动站进行设置才能达到固定解状态，步骤如下：

① 手簿及"工程之星"连接。

② 点击"配置"→"仪器设置"→"移动站设置"，点击"移动站设置"则默认将主机工作模式切换为移动站。

③ 数据链：内置电台。

④ 数据链设置（图4-51）。

图4-50 架设移动站

图4-51 电台设置

通道设置：与基站通道一致。

功率档位：有"HIGH"和"LOW"两种功率。

空中波特率：有"9600"和"19200"两种（建议选择9600）。

协议：Farlink（注意基站与移动站协议要一致）。

设置完毕，等待移动站达到固定解，即可在手簿上看到高精度的坐标。

5. 电台中继设置

电台中继也就是电台转电台，如图4-52所示。移动站主机在网页"基本设置"里勾选电台中继，数据链选择电台，就可以设置电台中继，电台通道跟基站电台通道一致。当第一台移动站（转发站）收到基站的差分数据之后，第一台移动站把收到的基站差分数据重新转发出去，让第二台移动站接收该信号，延长电台作业距离。电台中继功能在第二台移动站确定收不到基站信号状态下才能体现出中继效果。相关设置如图4-53所示。

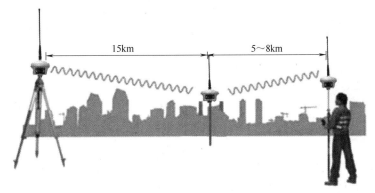

图4-52　电台中继示意图

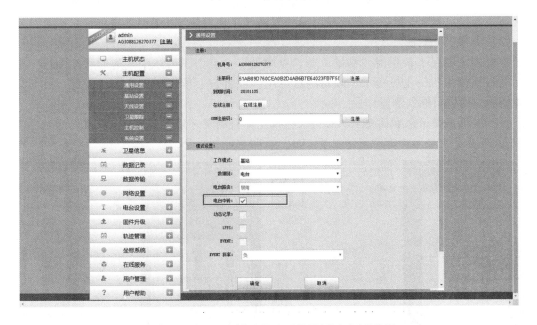

图4-53　Web UI主机配置-通用设置中的电台中转设置

6. 惯导功能

惯导功能使用操作如下。

（1）步骤一　设置杆高。

点击"配置"→"工程设置"→"输入正确的杆高"→确定。

注：惯导测量前，杆高和实际设置杆高需保持一致，否则会导致坐标补偿异常，导致坐标出错。

（2）步骤二　气泡校准。

如图4-54所示，点击"配置"→"工程设置"→"系统设置"→"水准气泡"→"气泡校准"→"开始校准"→校准成功后返回主界面。

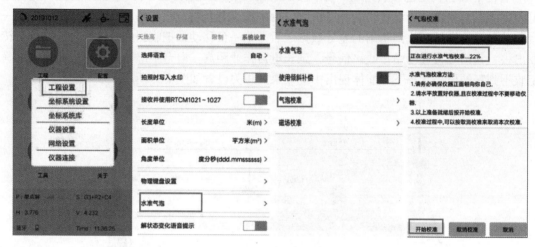

图4-54　气泡校准示意图

注：气泡校准过程中要保证主机水平居中且处于静止状态，如果出现进度提示110%，说明校正失败，此时应使用辅助工具对主机进行固定。惯导模块对角度敏感度极高，稍微偏移就会导致校准失败，所以在气泡校准时强烈建议在使用辅助工具对其进行固定后再校准。

（3）步骤三　测量。

主机固定情况下，点击"测量"→"点测量"→点击图4-55中气泡形状的图标→根据提示左右摇摆主机→主机提示"倾斜测量可用"或者右上角RTK标志由红变绿，此时惯导功能使用，可进行倾斜测量作业。

注：若根据提示左右摇摆主机后仍未播报"倾斜测量可用"，则让主机在居中状态下静置55s，再摇晃主机，提示"倾斜测量可用"后即可进行测量工作。

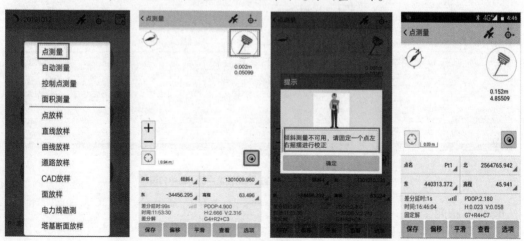

图4-55　测量示意图

7. 主机内、外置卡切换操作

主机正常开机，连接主机 Wi-Fi，进入主机网页端后台，选择"网络设置"→"GSM/GPRS设置"→"SIM卡选择"，即可选择外插或内置SIM卡，如图 4-56 所示。

外置网络模式：通过手机卡连接上蜂窝移动通信网络，进行差分数据的传输。

内置网络模式：通过主机自带 eSIM 卡连接上蜂窝移动通信网络，进行差分数据的传输。

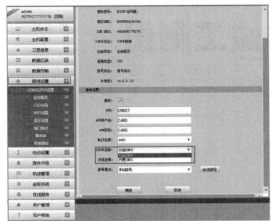

图 4-56　主机内、外置卡切换操作

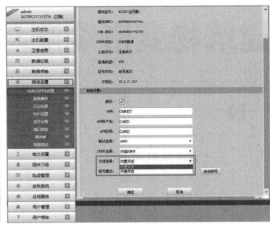

图 4-57　主机内、外置天线切换操作

8. 主机内、外置天线切换操作

主机正常开机，连接主机 Wi-Fi，进入主机网页端后台，选择"网络设置"→"GSM/GPRS设置"→"天线选择"，即可选择外接或内置天线，如图 4-57 所示。

【精金百炼】

遵守职业道德　履行岗位职责

工程测量是既古老又年轻的应用科学和技术，它的研究和服务范围贯穿在现代工程建设和国防建设的规划和运营的整个过程中。作为建筑施工测量放线人员，首先应热爱建筑事业，有强烈的责任心；其次应具备遵纪守法、爱岗敬业、团结协作、精益求精的职业道德。

二维码 4-11
精密施工测量习题

张健在大学里学的是土木工程专业，毕业后进入施工一线进行测量放线，每天在放线前，首先检查测量全站仪，然后才投入到放线工作中。在放线时，他总是认真地调整仪器，将误差做到最小化，保证结果的精确度。结束一天的放线工作后，他再把仪器仔细地检查一遍，擦拭干净后放回仪器箱。当有人问到他为什么这么做的时候，他总是骄傲地说："这可是我的小伙伴，没有他我还怎么工作！万一他闹点小脾气，不好好干活，就会出现偏差，可别小看这点偏差，会影响到建筑的安危呢。我从小就喜欢建筑，别看现在的我是一名测量员，等过几年我就会成为项目经理！"

测量放线人员应自觉遵守公民道德与职业道德，努力把自己培养成为有理想、有道德、有文化、有纪律的四有新人。

项目 **五**

建筑物变形观测与竣工测量

知识目标

- 熟悉水准基点的布设要求；
- 熟悉沉降观测点的布设；
- 熟悉沉降观测周期、方法及观测频率；
- 掌握倾斜观测、裂缝观测、位移观测的一般要求；
- 熟悉建筑物竣工测量的基本规定。

技能目标

- 根据真实的工程项目施工图纸，在教师指导下进行识读，了解实际工程设计意图，明确沉降量要求；
- 能以小组合作方式制订建筑物沉降观测的工作计划；
- 根据沉降观测点的要求，在建筑物基础及墙身上设置沉降观测点；
- 进行水准路线的外业观测及内业计算；
- 正确填写建筑物沉降观测表；
- 能进行建筑物的竣工测量。

素质目标

- 具有严谨的工作态度和团队合作的品质；
- 具备规范和安全的意识，养成实事求是的科学态度；
- 培养吃苦耐劳、爱岗敬业的职业素养，具备良好的职业道德。

项目导读

在建筑物的建造和使用期间，由于建筑物基础的地质构造不均匀、土壤的物理性质不同、大气温度变化、土基的弹性变形、建筑物本身的荷重、建筑物的结构形式及动荷载等作用，建筑物将发生沉降、倾斜、裂缝和位移等变形现象。竣工测量是建筑物竣工后所进行的一项在城市规划实施管理阶段的测量工作，也是城市测绘信息实时更新的一种有效手段。本项目将介绍变形观测的主要内容及建筑物的竣工测量。

单元一 建筑物的变形观测

各种高层、超高层建筑物在其施工过程中和使用初期，由于建筑物基础的地质条件、荷载的不断变化以及地球物理运动等各种原因，会产生建筑物下沉、倾斜、裂缝、位移等变形，并且变形量随时间累计变化，严重的量变累积可导致建筑物的坍塌或引起重大灾害，从而影响建筑物的正常使用并伴随着安全隐患。因此，在施工和营运期间需要加强变形观测过程控制并采取必要的安全措施。本单元主要介绍建筑物的四种变形及观测方法。

任务一　建筑物沉降观测

一、沉降观测水准点的测设

（一）水准点的布设

建筑物的沉降观测是根据建筑物附近的水准点进行的，所以这些水准点必须坚固稳定。为了对水准点进行相互校核，防止其本身产生变化，水准点的数目应尽量不少于3个，以组成水准网。对水准点要定期进行高程检测，以保证沉降观测成果的正确性。

二维码 5-1
建筑物沉降观测

在布设水准点时应考虑下列因素：

① 水准点应尽量与观测点接近，其距离不应超过100m，以保证观测的精度。

② 水准点应布设在受振区域以外的安全地点，以防止受到振动的影响。

③ 离开公路、铁路、地下管道和滑坡至少5m。避免埋设在低洼易积水处及松软土地带。

④ 为防止水准点受到冻胀的影响，水准点的埋设深度至少要在冰冻线下0.5m。

在一般情况下，可以利用工程施工时使用的水准点，作为沉降观测的水准基点。如果施工场地的水准点离建筑物较远或条件不好，为了便于进行沉降观测和提高精度，可在建筑物附近另行埋设水准基点。

（二）水准点的形式与埋设

沉降观测水准点的形式与埋设要求一般与三、四等水准点相同，但也应根据现场的具体条件、沉降观测在时间上的要求等决定。

当观测急剧沉降的建筑物和构筑物时，若建造水准点已来不及，可在已有房屋或结构物上设置标志作为水准点，但必须证明这些房屋或结构物的沉降已经达到终止。在山区建设中，建筑物附近常有基岩，可在岩石上凿一洞，用水泥砂浆直接将金属标志嵌固于岩层之中，但岩石必须稳固。在场地为砂土或其他不利情况下，应建造深埋水准点或专用水准点。

（三）沉降观测水准点高程的测定

沉降观测水准点的高程应根据厂区永久水准基点引测，采用Ⅱ等水准测量的方法测定。往返测误差不得超过$\pm 1\sqrt{n}$ mm（n为测站数）或$\pm 4\sqrt{L}$ mm（L为距离，单位为km）。

如果沉降观测水准点与永久水准基点的距离超过2000m，则不必引测绝对标高，而采取假设高程。

（四）观测点的布置和要求

观测点的位置和数量，应根据基础的构造、荷重以及工程地质和水文地质的情况而定。高层建筑物应沿其周围每隔15~30m设一点，房角、纵横墙连接处以及沉降缝的两旁均应设置观测点。工业厂房的观测点可布置在基础、柱子、承重墙及厂房转角处。点的密度视厂房结构、吊车起重量及地基土质情况而定。厂房扩建时，应在连接处两侧布置观测点。大型设备基础及较大动荷载的周围、基础形式改变处及地质条件变化之处，皆容易产生沉降，必须布设适量的观测点。对烟囱、水塔、高炉、油罐、炼油塔等圆形构筑物，则应在其基础的对称轴线上布设观测点。总之，观测点应设置在能表示出沉降特征的地点。

观测点布置合理，就可以全面精确地查明沉降情况。这项工作应由设计单位或施工技术部门负责确定。当观测点的布置不便于测量时，测量人员应与设计人员协商，选择合理的布置方案。所有观测点应以1：100~1：500的比例尺绘出平面图，并加以编号，以便进行观测和记录。

对观测点的要求如下：

① 观测点本身应牢固稳定，确保点位安全，能长期保存；

② 观测点的上部必须为突出的半球形状或有明显的突出之处，与柱身或墙身保持一定的距离；

③ 要保证在点上能垂直置尺和有良好的通视条件。

（五）观测点的形式与埋设

沉降观测点的形式和设置方法应根据工程性质和施工条件来确定或设计。

1. 民用建筑沉降观测点的形式和埋设

一般民用建筑沉降观测点，大都设置在外墙勒脚处。观测点埋在墙内的部分应大于露出墙外部分的5~7倍，以便保持观测点的稳定性。一般常用的几种观测点如下：

① 预制墙式观测点（图5-1）。它是由混凝土预制而成，其大小可做成普通黏土砖规格的1~3倍，中间嵌以角钢，角钢棱角向上，并在一端露出50mm。在砌砖墙勒脚时，将预制块砌入墙内，角钢露出端与墙面夹角为50°~60°。

② 利用直径20mm的钢筋，一端弯成90°角，一端制成燕尾形埋入墙内（图5-2）。

③ 用长120mm的角钢，在一端焊一铆钉头，另一端埋入墙内，并以1：2水泥砂浆填实（图5-3）。

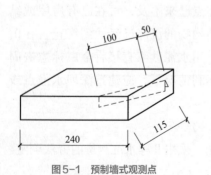

图5-1 预制墙式观测点

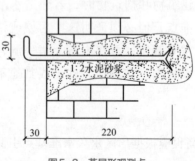

图5-2 燕尾形观测点

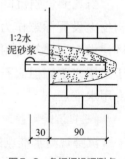

图5-3 角钢埋设观测点

2. 设备基础观测点的形式及埋设

一般利用铆钉或钢筋来制作，然后将其埋入混凝土内，其形式如下：

① 垫板式。用长60mm、直径20mm的铆钉，下焊40mm×40mm×5mm的钢板［图5-4（a）］。

② 弯钩式。将长约100mm、直径20mm的铆钉一端弯成直角［图5-4（b）］。

③ 燕尾式。将长80~100mm、直径20mm的铆钉，在尾部中间劈开，做成夹角为30°左右的燕尾形［图5-4（c）］。

④ U字式。用直径20mm、长约220mm的钢筋弯成U形，倒埋在混凝土之中［图5-4（d）］。

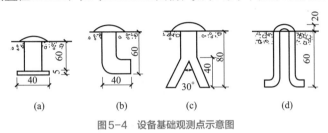

图5-4　设备基础观测点示意图

如观测点使用期长，应埋设有保护盖的永久性观测点［图5-5（a）］。对于一般工程，如观测点因施工紧张而加工不及时，可用直径20~30mm的铆钉或钢筋头（上部锉成半球状）埋置于混凝土中作为观测点［图5-5（b）］。

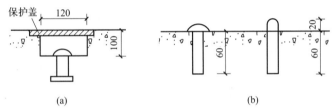

图5-5　永久性观测点示意图

在埋设观测点时应注意下列事项：

① 铆钉或钢筋埋在混凝土中露出的部分，不宜过高或太低。高了易被碰斜撞弯，低了不易寻找，而且水准尺置在点上会与混凝土面接触，影响观测质量。

② 观测点应垂直埋设，与基础边缘的间距不得小于50mm，埋设后将四周混凝土压实，待混凝土凝固后用红油漆编号。

③ 埋点应在基础混凝土将达到设计标高时进行。当混凝土已凝固，须增设观测点时，可用钢凿在混凝土面上确定的位置凿一洞，将标志埋入，再以1：2水泥砂浆灌实。

3. 柱基础及柱身观测点的形式和埋设

柱基础沉降观测点的形式和埋设方法与设备基础相同。但是当柱子安装后进行二次灌浆时，原设置的观测点将被砂浆埋掉，因而必须在二次灌浆前，及时在柱身上设置新的观测点。

柱身观测点的形式及设置方法如下：

① 钢筋混凝土柱。用钢凿在柱子±0.000标高以上10~50cm处凿洞（或在预制时留孔），将直径20mm以上的钢筋或铆钉，制成弯钩形，水平横向插入洞内，再以1：2水泥砂浆填实［图5-6（a）］。亦可采用角钢作为标志，埋设时使其与柱面成50°~60°的倾斜角［图5-6（b）］。

② 钢柱。将角钢的一端切成使脊背与柱面成50°~60°的倾斜角，将此端焊在钢柱上［图5-7（a）］；或者将铆钉弯成钩形，将其一端焊在钢柱上［图5-7（b）］。

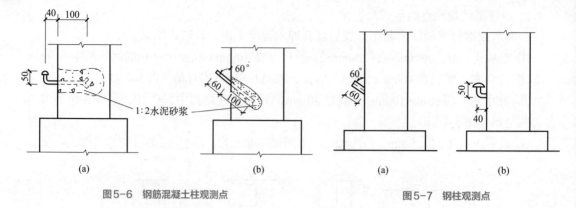

图5-6　钢筋混凝土柱观测点　　　　　　　图5-7　钢柱观测点

在柱子上设置新的观测点时应注意的事项：

a. 应在柱子校正后、二次灌浆前，将高程引测至新的观测点上，以保持沉降观测的连贯性。

b. 新旧观测点的水平距离不应大于1.5m，以保证新旧点的观测成果的相互关联。新旧点的高差不应大于1.5m，以免当由旧点高程引测于新点时，因增加转点而产生误差。

c. 观测点与柱面应有30~40mm的空隙，以便于放置水准尺。

d. 在混凝土柱上埋标时，埋入柱内的长度应大于露出的部分，以保证点位的稳定。

二、沉降观测的方法和一般规定

1. 沉降观测的时间和次数

沉降观测的时间和次数，应根据工程性质、工程进度、地基土质情况及基础荷重增加情况等决定。

（1）在施工期间沉降观测次数

① 较大荷重增加前后（如基础浇灌、回填土、安装柱子与屋架、砖墙每砌筑一层楼、设备安装、设备运转、工业炉砌筑期间、烟囱每增加15m左右等），均应进行观测；

② 如施工期间中途停工时间较长，应在停工时和复工前进行观测；

③ 基础附近地面荷重突然增加，周围大量积水及暴雨后，或周围大量挖方等情况下，均应观测。

（2）工程投产后的沉降观测时间

工程投入生产后，应连续进行观测，观测时间的间隔可按沉降量大小及速度而定，在开始时间隔短一些，以后随着沉降速度的减慢，可逐渐延长，直到沉降稳定为止。

2. 沉降观测工作的要求

沉降观测是一项较长期的系统观测工作，为了保证观测成果的正确性，应尽可能做到四点：

① 固定人员观测和整理成果；

② 使用固定的水准仪及水准尺；

③ 使用固定的水准点；

④ 按规定的日期、方法及路线进行观测。

3. 对使用仪器的要求

对于一般精度要求的沉降观测，要求仪器的望远镜放大率不得小于24倍，气泡灵敏度不得大于15″/2mm（有符合水准器的可放宽一倍）。可以采用适合四等水准测量的水准仪。但精度要求较高的沉降观测，应采用相当于N2或N3级的精密水准仪。

4. 确定沉降观测的路线并绘制观测路线图

在进行沉降观测时，常因施工或生产的影响而通视困难，往往为寻找设置仪器的适当位置而花费时间。因此对观测点较多的建筑物、构筑物进行沉降观测前，应到现场进行规划，确定安置仪器的位置，选定若干较稳定的沉降观测点或其他固定点作为临时水准点（转点），并与永久水准点组成环路。最后，应根据选定的临时水准点、设置仪器的位置以及观测路线，绘制沉降观测路线图（图5-8），以后每次都按固定的路线观测。采用这种方法进行沉降测量，不仅避免了寻找设置仪器位置的麻烦，加快施测进度，而且由于路线固定，与任意选择观测路线相比可以提高沉降测量的精度。但应注意必须在测定临时水准点高程的同一天内同一时间观测其他沉降观测点。

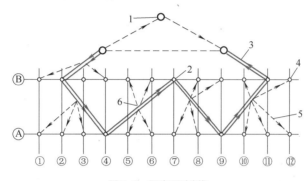

图5-8 沉降观测路线

1—沉降观测水准点；2—作为临时水准点的观测点；3—观测路线；4—沉降观测点；5—前视线；6—设置仪器位置

5. 沉降观测点的首次高程测定

沉降观测点首次观测的高程值是以后各次观测用以进行比较的根据，如初测精度不够或存在错误，不仅无法补测，而且会造成沉降工作中的数据矛盾现象，因此必须提高初测精度。如有条件，最好采用N2或N3类型的精密水准仪进行首次高程测定。同时每个沉降观测点首次高程，应在同期进行两次观测后决定。

6. 作业中应遵守的规定

① 观测应在成像清晰、稳定时进行；

② 仪器离前、后视水准尺的距离要用皮尺丈量，或用视距法测量，视距一般不应超过50m，前后视距应尽可能相等；

③ 前、后视观测最好用同一根水准尺；

④ 前视各点观测完毕以后，应回视后视点，最后应闭合于水准点上。

三、沉降观测的精度及成果整理

沉降观测的精度一般应符合下列规定：

① 连续生产设备基础和动力设备基础、高层钢筋混凝土框架结构及地基土质不均匀的重要建筑物，沉降观测点相对于后视点高差测定的允许偏差为±1mm（即仪器在每一测站观测完前视各点以后，再回视后视点，两次读数之差不得超过1mm）。

② 一般厂房、基础和构筑物，沉降观测点相对于后视点高差测定的允许偏差为±2mm。

③ 每次观测结束后，要检查记录、计算是否正确，精度是否合格，并进行误差分配，然后将观测高程列入沉降观测成果表中，计算相邻两次观测之间的沉降量，并注明观测日期和荷重情况，如表5-1所示。为了更清楚地表示沉降、时间、荷重之间的相互关系，还要画出每一观测点的时间与沉降量的关系曲线及时间与荷重的关系曲线，如图5-9所示。

表5-1 沉降观测记录表

观测次数	观测时间	各观测点的沉降情况						...	施工进展情况	荷载情况 /(t/m²)
		1			2			...		
		高程 /m	本次下沉 /mm	累计下沉 /mm	高程 /m	本次下沉 /mm	累计下沉 /mm	...		
1	2020.03.10	72.454	0	0	72.473	0	0		一层平口	
2	2020.04.23	72.448	−6	−6	72.467	−6	−6		三层平口	40
3	2020.05.16	72.443	−5	−11	72.462	−5	−11		五层平口	60
4	2020.06.14	72.440	−3	−14	72.459	−3	−14		七层平口	70
5	2020.07.14	72.438	−2	−16	72.456	−3	−17		九层平口	80
6	2020.08.04	72.434	−4	−20	72.452	−4	−21		主体竣工	110
7	2020.10.30	72.429	−5	−25	72.447	−5	−26		项目竣工	
8	2021.01.06	72.425	−4	−29	72.445	−2	−28		使用	
9	2021.04.28	72.423	−2	−31	72.444	−1	−29			
10	2021.07.06	72.422	−1	−32	72.443	−1	−30			
11	2021.10.05	72.421	−1	−33	72.443	0	−30			
12	2022.02.25	72.421	0	−33	72.443	0	−30			

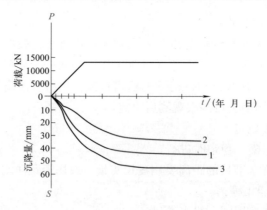

图5-9 沉降曲线

时间与沉降量的关系曲线，系以沉降量 S 为纵轴，时间 t 为横轴，根据每次观测日期和每次下沉量按比例画出各点，然后将各点连接起来，并在曲线的一端注明观测点号。

时间与荷载的关系曲线，系以荷载 P 为纵轴，时间 t 为横轴，根据每次观测日期和每次的荷载画出各点，然后将各点连接起来。

两种关系曲线画在同一图上，以便能更清楚地表明每个观测点在一定时间内所受到的荷载及沉降量。

任务二　建筑物倾斜观测

在进行倾斜观测之前，首先要在待观测的建筑物上设置上、下两点或上、中、下三点标志，作为观测点，各点应位于同一垂直视准面内。如图5-10所示，M、N为观测点。如果建筑物发生倾斜，MN将由垂直线变为倾斜线。观测时，经纬仪的位置到建筑物距离应大于建筑物的高度，瞄准上部观测点M，用正倒镜法向下投点得N'，如点N'与N不重合，则说明建筑物发生倾斜，以a表示N'、N之间的水平距离，a即为建筑物的倾斜值。若以H表示其高度，α表示倾斜角，则倾斜度为

$$i=\tan\alpha=a/H \tag{5-1}$$

高层建筑物的倾斜观测，必须分别在互相垂直的两个方向上进行。

当测定圆形构筑物（如烟囱、水塔、炼油塔）的倾斜度时（图5-11），首先要求得顶部中心对底部中心的偏距。为此，可在构筑物底部放一块木板，木板要放平放稳。用经纬仪将顶部边缘两点A、A'投影至木板上而取其中心A_0，再将底部边缘上的两点B与B'也投影至木板上而取其中心B_0，A_0与B_0之间的距离a就是顶部中心偏离底部中心的距离。同法可测出与其垂直的另一方向上顶部中心偏离底部中心的距离b。再用矢量相加的方法，即可求得构筑物总的偏心距即倾斜值。即

$$c = \sqrt{a^2 + b^2} \tag{5-2}$$

构筑物的倾斜度为

$$i=c/H \tag{5-3}$$

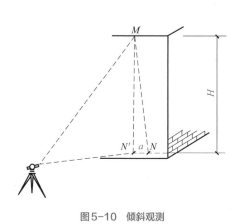

图5-10　倾斜观测

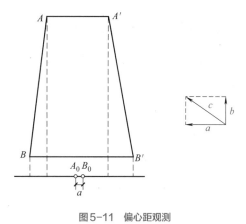

图5-11　偏心距观测

任务三　建筑物裂缝观测

发现建筑物裂缝，除了要增加沉降观测的次数外，应立即进行裂缝变化的观测。为了观测裂缝的发展情况，要在裂缝处设置观测标志。设置标志的基本要求是，当裂缝发展时标志就能相应地开裂或变化，正确地反映建筑物裂缝发展情况。其形式有下列三种：

1. 石膏板标志

用厚10mm，宽50~80mm的石膏板（长度视裂缝大小而定），在裂缝两边固定牢固。当裂缝继续发展时，石膏板也随之开裂，从而观察裂缝继续发展的情况。

2. 白铁片标志

如图5-12所示，用两块白铁片，一片取150mm×150mm的正方形，固定在裂缝的一侧，并使其一边和裂缝的边缘对齐；另一片为50mm×200mm，固定在裂缝的另一侧，并使其中一部分紧贴相邻的正方形白铁片。当两块白铁片固定好以后，在其表面均涂上红色油漆。如果裂缝继续发展，两白铁片将逐渐拉开，露出正方形白铁片上原被覆盖没有涂油漆的部分，其宽度即为裂缝加大的宽度，可用尺子量出。

3. 金属棒标志（图5-13）

在裂缝两边凿孔，将长约10cm、直径10mm以上的钢筋头插入，并使其露出墙外约2cm，用水泥砂浆填灌牢固。在两钢筋头埋设前，应先把钢筋一端锉平，在上面刻画十字线或中心点，作为量取其间距的依据。待水泥砂浆凝固后，量出两金属棒之间的距离，并记录下来。以后如裂缝继续发展，则金属棒的间距也就不断加大。定期测量两棒之间距并进行比较，即可掌握裂缝发展情况。

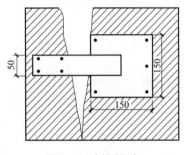

图5-12　白铁片标志

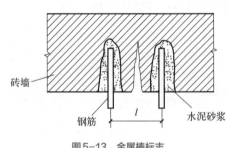

图5-13　金属棒标志

任务四　建筑物位移观测

当建筑物在平面上产生位移时，为了进行位移测量，应在其纵横方向上设置观测点及控制点。如已知其位移的方向，则只在此方向上进行观测即可。观测点与控制点应位于同一直线上，控制点至少埋设三个，控制点之间的距离及观测点与相邻的控制点间的距离要大于30m，以保证测量的精度。如图5-14所示，A、B、C为控制点，M为观测点。控制点

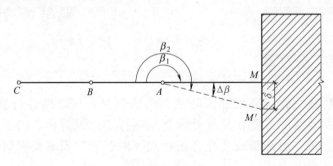

图5-14　位移观测

必须埋设牢固稳定的标桩，每次观测前，对所使用的控制点应进行检查，以防止其变化。建筑物上的观测点标志要牢固、明显。

位移观测可采用正倒镜投点的方法求出位移值，亦可采用测角的方法。如图5-14所示，设第一次在 A 点测得的角度为 β_1，第二次测得的角度为 β_2，两次观测角度的差数 $\Delta\beta=\beta_2-\beta_1$，则建筑物之位移值：

$$\delta = \frac{\Delta\beta \times AM}{\rho} \qquad (5\text{-}4)$$

式中，$\rho=206265''$。

位移测量的允许偏差为±3mm，进行重复观测评定。

二维码5-2
建筑物的变形观测习题

单元二　建筑物的竣工测量与3D扫描

建筑物竣工验收时进行的测量工作，称为竣工测量。在每一个单项工程完成后，必须由施工单位进行竣工测量，并给出该工程的竣工测量成果，作为编绘总平面图的依据。本单元主要介绍建筑物竣工测量及建筑物3D扫描。

任务五　建筑物竣工测量与3D扫描

一、竣工测量

1. 竣工测量的对象

（1）工业厂房及一般建筑物　测定各房角坐标、几何尺寸，各种管线进出口的位置和高程，室内地坪及房角标高，并附注房屋结构层数、面积和竣工时间。

（2）地下管线　测定检修井、转折点、起终点的坐标，井盖、井底、沟槽和管顶等的高程，附注管道及检修井的编号、名称、管径、管材、间距、坡度和流向。

（3）架空管线　测定转折点、结点、交叉点和支点的坐标，支架间距、基础面标高等。

（4）交通线路　测定线路起终点、转折点和交叉点的坐标，路面、人行道、绿化带界线等。

（5）特种构筑物　测定沉淀池的外形和四角坐标、圆形构筑物的中心坐标、基础面标高、构筑物的高度或深度等。

2. 竣工总平面图的实测

测绘的内容与竣工总平面图应包含的图面内容相同。测绘的方法与地形图基本相同，但碎部点的测绘一般用经纬仪测角和钢尺或测距仪测距的极坐标法，碎部点的高程亦多用水准测量的方法施测。

在竣工总平面图上一般要用不同的颜色表示不同的工程对象。

3. 竣工总平面图的编绘方法

① 按原设计总平面图施工，经竣工后实测检查符合设计要求的，施工单位在原施工总平面图上加盖"竣工总平面图"标志后即可作为竣工总平面图（竣工图标志章的规格尺寸

统一为80mm×50mm）。

② 凡在施工中的一般性变更，能够在原设计施工图上加以修改补充的，可不重新绘制竣工图，由施工单位在修改部位上杠改，用黑色签字笔注明修改内容并在修改部位附近空白处引线指示，盖上修改标志章（修改标志章统一规定尺寸为30mm×10mm），注明修改单日期、字、号、条，盖上竣工图章后即作为竣工图。由于修改较大而在原图上杠改后图面不清、辨认困难的，应将修改部位框出并在本张图的空白处或增页绘制，修改完成后，由施工单位加盖竣工图章。

③ 凡因项目修改、结构改变、工艺改变、平面布置改变以及发生其他重大改变而不宜在原施工设计图上进行修改补充的，应局部或全部重新绘制竣工图。重新绘制的（包括电脑绘制的）竣工图，图签栏中的图号应清楚带有"建竣""结竣""水竣""电竣"或"竣工版"等字样，制图人、审核人、负责人签名俱全。并在注明修改出图日期及版数后由施工单位加盖竣工图章。

④ 对于直接在现场指定位置进行施工的工程、以固定地物定位施工的工程及多次变更设计而无法查对的工程等，只好进行现场实测，这样测绘出的竣工总平面图，称为实测竣工总平面图。

4. 竣工总平面图的整饰

① 竣工总平面图的符号应与原设计图的符号一致。有关地形图的图例应使用国家地形图图示符号。

② 对于厂房应使用黑色墨线，绘出该工程的竣工位置，并应在图上注明工程名称、坐标、高程及有关说明。

③ 对于各种地上、地下管线，应用各种不同颜色的墨线，绘出其中心位置，并应在图上注明转折点及井位的坐标、高程和有关说明。

④ 对于没有进行设计变更的工程，用墨线绘出的竣工位置与按设计原图用铅笔绘出的设计位置应重合，但其坐标及高程数据与设计值比较可能稍有出入。

随着工程的进展，逐渐在底图上将铅笔线都绘成墨线。

5. 经纬仪实测竣工图

当平面布置改变超过图上面积1/3时，不宜在原施工图上修改和补充，应重新编制。编制的主要工作是补测，即用经纬仪实测出地物、地貌的位置、高程及尺寸，以便进一步完善总图的编绘。

实测是在原来设计总平面图的基础上进行的，步骤为：一是在总平面图上按交会法图解出一些图根点；二是到实地根据图解数据找出这些图根点；三是把经纬仪安置到这些图根点上，以图上明显地物的转角为定向，补测出竣工总图。

二、三维激光扫描仪

二维码5-3
三维激光扫描介绍

三维激光扫描仪，适用于详细的测量和文件记录。三维激光扫描仪采用激光技术，能够在几分钟内为复杂的环境和几何图形制作出细节丰富的三维图像。下面以南方测绘公司的SD-1500激光扫描仪为例，来介绍三维激光扫描仪的使用。

（一）工作原理

SD-1500激光扫描仪测距原理采用飞行时间法（TOF），如图5-15所

示。将红外线激光束射到旋转光学镜的中心；该光学镜将使
激光光束在围绕扫描环境垂直旋转的方向上产生偏差；之后
将周围对象的散射光反射回扫描仪。该技术方法的特点是对
光照、目标表面反射和粗糙度等环境条件适应能力强，测量
距离远。

（二）产品特点

SD-1500激光扫描仪主要特点包括：高精度、高分辨率、
高速扫描，扫描速度最高可达200万点每秒；可通过内置触
摸屏显示器进行直观控制；尺寸小、重量轻，集成了快速充
电电池，从而带来了高移动性；逼真三维彩色扫描，通过集

图5-15　SD-1500三维激光扫描仪

成的彩色照相机进行；集成双轴补偿器，用于自动校平捕获的扫描数据。集成GPS传感器，
用于确定扫描仪的位置；集成罗盘和高度计，用于为扫描提供方向和高度信息；WLAN
（无线局域网），用于远程控制扫描仪；超长的测距，测距可达1500m；广阔的扫描视场，
视场角为300°（垂直）×360°（水平）；内置双摄像头，可同时获取真彩色影像数据，还原点
云真实颜色；具有外置相机挂点；设备本身具有数据存储能力（1TB固态硬盘）；可以适应
复杂环境测量。

（三）操作方法

1. 安装SD-1500激光扫描仪

（1）安装三脚架　　如图5-16所示。

（2）将基座固定到三脚架上　　如图5-17所示。

展开三脚架的支脚，确保三脚架平稳，固定支脚，并且使平台尽可能保持水平，架站
高度适合测量员身高。基座中心有固定螺旋，以便将其安装在三脚架上位螺纹用于紧固。

图5-16　打开三脚架

图5-17　将基座固定在三脚架上

二维码5-4
三维激光扫描操作

（3）调整圆水准气泡　　通过调整脚架高度让圆水准气泡居中，如气泡在中心点附近，
亦可直接通过转动脚螺旋让其居中，如图5-18所示。扫描仪现在已经安装完毕，可以进行
扫描。开始扫描之前，检查外部包装是否有任何损坏或变形的迹象；检查镜像是否由于刮

擦、碎裂、变形而损坏，并检查其清洁度。

2. SD卡

（1）准备SD卡　SD-1500激光扫描仪会将记录的扫描存储到内部存储和可移动SD卡上。插入可移动SD卡后，SD-1500激光扫描仪会自动将建立的工程和扫描数据存储到SD卡，同时还可以把历史数据从内部存储复制到SD卡。

（2）插入SD卡　如图5-19所示。

打开电池舱盖，在电池舱下方找到SD卡槽。插入已格式化的SD卡，让带缺口的边缘朝SD卡方向，直至发出"咔哒"声。确认存储卡的方向。如果按错误的方向强行插入存储卡，可能会损坏SD卡、卡插槽或卡中的数据。关上护盖。

图5-18　转动脚螺旋调整圆水准气泡，使其居中

图5-19　插入SD卡

（3）弹出SD卡　要从扫描仪中取出SD卡，请打开SD卡插槽护盖并轻轻地按下存储卡。切勿在存储卡存储繁忙时将其弹出。请注意不要使存储卡弹出后掉落。

3. 打开激光扫描仪

长按扫描仪的按钮可开始启动过程，此时显示器屏幕亮起。扫描仪控制器软件的首页会出现在集成触摸屏上。只需用手指轻触屏幕上的元素，即可运用激光扫描仪的所有功能。也可以使用电容式触控笔在用户界面中导航。

图5-20　激光扫描仪初始界面

注：当激光扫描仪首次打开时会提示"当前设备无工程，是否去创建"，点击"确定"创建新工程，如图5-20所示。关于如何创建新工程，请参阅后文。

4. 基本设置

从导航界面找到"系统设置"→"基本设置"，其详细信息如图5-21所示。

（1）无线连接　如果希望通过图像处理软件对SD-1500激光扫描仪的相关参数进行编辑，可以使用此功能将电脑连接上本设备的移动网络进行数据传输。

具体步骤：从导航界面找到"系统设置"→"基本设置"→"无线连接"并将其打开，在电脑上搜索本设备的网络，并连接，如图5-22所示。

（2）声音　如果希望调节设备音量以及提示音，可以在系统设置中设置声音基本参数。

具体步骤：从导航界面找到"系统设置"→"基本设置"→"声音"，便可以任意调节音量大小以及打开或者关闭提示音音效，其详细信息如图5-23所示。

（3）电池　如果需要查看SD-1500激光扫描仪供电方式以及该仪器当前电池电量，可通过"电池"页面查看，如图5-24所示。

（4）更改屏幕亮度以及休眠时间　如果需要更改屏幕亮度以及休眠时间，可通过"显示"页面进行修改，如图5-25所示。

（5）修改测量单位　如果需要更改当前测量单位，可在"基本设置"中找到"测量单位"进行更改，如图5-26所示。

（6）设置日期和时间　如果需更改日期和时间设置，可转到"系统设置"→"基本设置"→"日期和时间"，如图5-27所示。

图5-21　基本设置内容

图5-22　无线连接

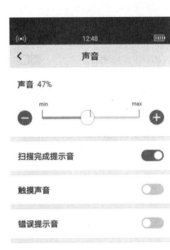

图5-23　声音设置

图5-24　电池界面

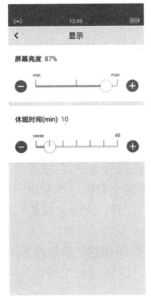

图5-25　调节亮度以及休眠时间

图5-26　修改测量单位

时间格式（24小时制）：点击可设置时间格式。扫描仪可以使用24小时或12小时制显示时间。将按钮滑动到"开"会选择24小时制。将按钮滑动到"关"会选择12小时制。

设置日期格式：点击以选择日期格式。当前所选日期格式会与选项一起显示。

设置日期、设置时间：点击以设置SD-1500激光扫描仪的内部时钟。

（7）更改语言　如果需要更改系统语言，可转到"系统设置"→"基本设置"→"语言"，通过轻触相应按钮选择语言，如图5-28所示。

（8）查看扫描仪信息　如果需要查看当前激光扫描仪具体型号以及机身号，可转到"系统设置"→"基本设置"→"扫描仪信息"进行查看，如图5-29所示。

图5-27　设置日期和时间

图5-28　更改系统语言

图5-29　查看扫描仪信息

（9）主机注册　如果需要查看SD-1500激光扫描仪当前注册信息，可转到"系统设置"→"基本设置"→"主机注册"进行查看，如图5-30所示。此功能可以帮助您查看当前SD-1500激光扫描仪的注册信息，并通过输入36位注册码以实现主机注册。

（10）关于　如果需要查看当前软件版本，并更新软件，可转到"系统设置"→"基本设置"→"关于"进行查看，如图5-31所示。

点击"检查更新"以实现软件更新的功能，若系统提示"当前已是最新版本"，则无需更新软件。

（11）恢复出厂设置　如果需要将SD-1500激光扫描仪恢复出厂设置，可转到"系统设置"→"基本设置"→"恢复出厂设置"，如图5-32所示。

点击"恢复出厂设置"，此时系统会弹出"恢复出厂设置会清空所有数据，请确认此操作"，此时点击"确定"以恢复出厂设置，点击"取消"则视为取消此操作。

5. 创建新工程

如果需要新建工程，可在导航界面找到"系统设置"→"工程列表"（图5-33）→"新建工程"，在"新建工程"页面中可以自定义工程名称、文件名前缀、首编码、备注信息等，如图5-34所示。

点击"保存"，保存新工程，保存新工程后可在"系统设置"→"工程列表"中查看。

6. 设置扫描参数

下面简要介绍如何设置扫描参数以捕获第一批扫描。一般在开始扫描项目之前，用户要先提供并输入项目信息。

转到导航界面→"参数设置"，具体内容如图5-35所示。

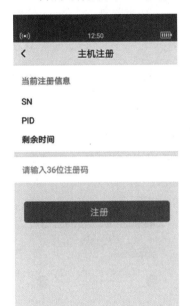

图5-30　主机注册

图5-31　软件检查更新

图5-32　恢复出厂设置

图5-33　导航界面

图5-34　打开新建工程界面

图5-35　设置扫描参数

扫描参数（如分辨率、质量或扫描角度）是扫描仪用于记录扫描数据的参数。在选择扫描配置文件时，其设置将覆盖扫描参数。

有两种方法设置扫描参数：

① 手动更改这些参数，通过"新建场景"实现。

② 选择作为一组预定义扫描参数的扫描配置文件，通过选择系统预设好的"应用场景"实现。

（1）查看应用场景　应用场景：根据项目需求选择不同的应用场景，系统默认四种应用场景，分别是100m、450m、1000m、1500m（图5-36），用户应依据工程项目实际情况进行选择。所有应用场景在"参数设置"→"应用场景"可查看。

注：系统默认四个应用场景无法更改扫描参数。

（2）新建应用场景　如果需要手动更改扫描参数，则需要新建应用场景，通过转到"系统设置"→"应用场景"→"新建场景"实现，如图5-37所示。

场景名称：根据不同场景进行自定义场景名称设置。

扫描参数：点击"扫描参数"可进行参数更改，其中扫描模式可选择100m、450m、1000m、1500m，点间距可选择3cm、6cm、12cm、18cm、29cm，扫描时间及点距可在此页面查看，如图5-38所示。

图5-36　系统默认应用场景

图5-37　新建场景

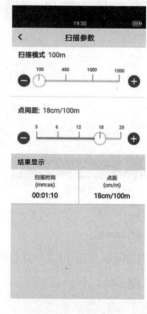

图5-38　设置扫描参数

扫描范围：在"新建场景"→"扫描范围"显示扫描范围，其中包含水平和垂直起始角度和终止角度（以度为单位），如图5-39所示。

水平范围：水平扫描区域的大小（以度为单位）。点击字段可以输入水平开始角度和水平结束角度的值。

竖直范围：垂直扫描区域的大小（以度为单位）。点击字段可以输入垂直开始角度和垂直结束角度的值。

激光对中：如图5-40所示，将按钮滑动到"开"会将激光对中器打开。将按钮滑动到"关"会关闭激光对中器。

倾角采集：如图5-40所示，将按钮滑动到"开"会将倾角采集功能打开。将按钮滑动到"关"会关闭倾角采集功能。

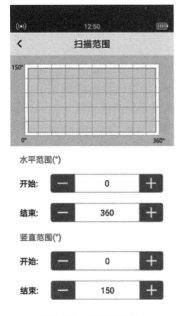

图5-39   设置扫描范围

图5-40   打开激光对中以及倾角采集
功能

图5-41   选择相机

相机：可选择"内置相机"或者"外置相机"进行作业，轻触"相机"进行相机类型选择，显示为红点则表示勾选成功，如图5-41所示。

所有参数设置完成后点击"保存"来保存新建后应用场景。

7. 开始扫描

从控制器软件屏幕顶部下拉信息栏，可以查看当前工程信息，确认当前所选工程无误后，点击控制器软件屏幕首页上的"开始扫描"按钮开始扫描，如图5-42所示。

注：扫描仪将会转动，成像单元将高速旋转。请确保扫描仪可以自由移动，并且没有物体会触碰到成像单元。

如果SD卡上没有足够空间，则会发出警告，并且扫描仪会拒绝扫描。在此情况下，从存储卡中删除扫描数据或插入新卡，然后重试。

扫描过程开始时，扫描仪的激光会打开，并会显示扫描视图。在扫描过程中，扫描仪会顺时针旋转180°。如果进行彩色扫描，则扫描仪会继续旋转至360°以拍摄照片。执行的处理步骤会显示在扫描屏幕的状态栏中，扫描进度由进度栏进行指示。

若要停止扫描，请按扫描视图中的"结束扫描"按钮。

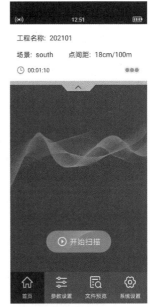

图5-42   开始扫描

8. 关闭SD-1500激光扫描仪

如需关闭SD-1500激光扫描仪，请按下其电源开关按钮2~3s。在SD-1500激光扫描仪完成关闭过程之后，控制器软件屏幕停止工作，用户可以安全地取出电池、拔下电源。

一旦SD-1500激光扫描仪完全关闭，请取出电池并将设备稳固放置于保护箱中，步骤如下：

① 打开电池舱盖。

② 打开充电器的互锁机构以释放电池。

二维码5-5
建筑物的
竣工测量习题

③ 卸下电池。

④ 关上电池舱盖。

注：请勿在关闭过程完成前关闭SD-1500激光扫描仪的电源。SD-1500激光扫描仪包含具有集成硬盘的PC，必须在关闭电源前关闭此内部PC。如果事先未关闭SD-1500激光扫描仪而断开或关闭电源，则可能损坏内部PC并且可能导致数据丢失。

如果SD-1500激光扫描仪未正常关闭，则下一次启动过程花费的时间可能比正常情况要久，因为SD-1500激光扫描仪可能会检查其硬盘是否存在错误。

【精研致思】

智慧三维扫描　推动改革创新

在当代中国，社会发展离不开改革创新，改革创新是社会发展的重要动力，坚持改革创新是新时代的迫切要求。以博物馆的线上虚拟展览为例，相比传统的线下展览活动，线上的虚拟展览打破了时间和空间的限制，用户可以在任意时间和任意地点参观展览，这就扩大了博物馆的影响力。依附于各种新技术，用户在对展厅进行线上浏览时可以获得更加个性化的浏览体验。对于博物馆而言，虚拟的线上展示可以增加更多的展示自主性，能最大可能地减少现实环境中各种物理条件和经济成本的制约，以最优的效果为用户提供更优质的体验。

为了实现智慧展馆的数字化流程，需要使用三维移动扫描系统对展馆进行数字化扫描，以捕获整个展馆建筑的数字化基础数据。而后对基础数据进行处理，上传到平台，依靠平台中集成的虚拟现实模块、智能电子导览模块，完成对展馆的数字化建设。例如，南方测绘团队针对现有数字化展馆需求，对某展馆进行数字化扫描，生成可以线上查看的数字化案例，大大提高了该展馆数字化水平。

作为当代大学生，要不断增强以改革创新推动社会进步，在改革创新中奉献并服务社会、实现人生价值的崇高责任感和使命感，以时不我待、只争朝夕的紧迫感投身改革创新的实践。

参 考 文 献

[1] 袁建刚，刘胜男，张清波，等. 建筑工程测量 [M]. 北京：清华大学出版社，2019.

[2] 张营，张丽丽. 建筑工程测量 [M]. 北京：北京理工大学出版社，2020.

[3] 沙德杨，兰传喜. 建筑工程测量 [M]. 北京：航空工业出版社，2015.

[4] 罗勇，王炎，何秋珍. 工程测量 [M]. 西安：西北工业大学出版社，2017.

[5] 张超群. 建筑工程测量 [M]. 哈尔滨：哈尔滨工程大学出版社，2016.

[6] 工程测量标准（GB 50026—2020）.

土建类专业产教融合创新教材

建筑施工测量放线
实训工作页

活页式

袁影辉　主编

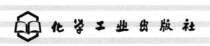

化学工业出版社

·北京·

前　言

为了推进职业教育"三教"改革，增强职业教育适应性，根据《工程测量标准》（GB 50026—2020）编写了本实训工作页。本实训工作页采用活页式形式，同时作为主教材《建筑施工测量放线》的配套教材，以学习项目为基本教学单位，以实际工程项目为载体，围绕建筑行业测量新技术的发展，将智能机器人放样、GPS、RTK系统等纳入岗位内容；对接"1+X"职业技能证书，将建筑物的定位放线及沉降观测拆解成工作任务，五个项目共计选取了34个工作任务。每个工作任务分为任务须知、任务报告和任务评价三部分，工作任务中指明了任务的目的与要求、计划与仪器工具、工作任务与步骤、注意事项等内容，进一步帮助学生理解和巩固任务内容；任务报告是要求学生在实训中填写的内容；任务评价包含了评价指标及评价等级具体要求，是教师对该工作任务进行的全方位的评价。活页式形式结构新颖，方便学生上交工作任务报告并由教师进行成果评价。

本实训工作页在编写过程中，以"立德树人"为根本任务，多维度融入思政元素，在工作任务中将测量职业岗位应遵守的职业道德、应具备的工匠精神、团队协作意识融入工作任务中，培育工匠精神、提升职业能力、增强创新意识，以实现育人与育才相结合的目标。

本实训工作页由河北工业职业技术大学袁影辉、全国芸、刘芳、梁磊、唐立新老师编写，由袁影辉老师统一定稿。

本实训工作页的编写难免有不足之处，敬请广大读者批评指正！

编　者
2023年6月

目　　录

工作任务1-1　水准仪的认识与使用

⬤⬤[任务须知]

一、目的与要求

① 了解微倾式 DS_3 水准仪的基本构造和性能，认识其主要构件的名称和作用。

② 练习水准仪的安置、瞄准、读数和高差计算。

③ 认识与使用自动安平水准仪。

二、计划与仪器工具

① 实训时数安排为1学时。每一实训小组由4~6人组成。

② 每组实训设备为微倾式水准仪1台，自动安平水准仪1台，水准尺1根，自备2H铅笔2支。

三、工作任务与步骤

1. 工作任务

按照四步要求，安置自动安平水准仪，并测量两点高差。

2. 实施步骤

（1）安置仪器　松开三脚架的伸缩螺旋，按需要调节三条腿的长度后，旋紧螺旋。安置脚架时，应使架头大致水平。

（2）认识水准仪　认识水准仪的外形和主要部件的名称、作用及使用方法。

（3）粗平　脚螺旋的旋转方向与气泡移动方向之间的规律是：气泡移动的方向与左手大拇指转动脚螺旋的方向一致（与右手大拇指转动方向相反）。

（4）瞄准水准尺　转动目镜对光螺旋，使十字丝清晰；然后松开水平制动螺旋，再转动物镜对光螺旋，使水准尺分划成像清晰；随后眼睛在目镜端略做上下移动，检查十字丝与水准尺分划像之间是否有相对移动，如有，则存在视差，须重新做目镜对光和物镜对光，消除视差。

（5）精平与读数　精平后，以十字丝中丝读出尺上的数值，读取四位数字。

四、注意事项

① 仪器安放到三脚架头上，最后必须旋紧连接螺旋，使连接牢固。

② 当用水准仪瞄准、读数时，水准尺必须立直。对于尺子的左、右倾斜，观测者在望远镜中根据纵丝可以发觉，而尺子的前后倾斜则不易发觉，立尺者应注意。

③ 水准仪在读数前，必须使长水准管气泡严格居中（自动安平水准仪除外），瞄准目标后必须消除视差，才能读数。

水准仪的认识与使用

班级：　　姓名：　　学号：　　日期：　　组长：　　天气：

1. 自动安平水准仪的构造包括哪几个部分？

2. 自动安平水准仪的操作方法。

3. 思考

（1）一个测站的水准测量中，观测了后视，瞄准前视后，是否需要再次粗平？为什么？

（2）练习作业

① 练习一个测站的观测方法，掌握观测要领。

② 用脚螺旋粗平，操作熟练后，只用2个脚螺旋即可整平，你可以试一试。

任务评价主要从表1-1-1的指标进行评价。

表1-1-1 《水准仪的认识与使用》工作任务评价表

班级：   姓名：   学号：

序号	评价指标	分值/分	评定等级			得分/分
			A(权重1.0)	B(权重0.8)	C(权重0.6)	
1	水准仪各个部件的名称	10				
2	水准仪各个部件的作用	10				
3	安置仪器的方法	10				
4	粗平	10				
5	瞄准目标	10				
6	读数是否规范	10				
7	水准尺是否竖直	10				
8	小组工作任务是否按时完成	10				
9	小组协作能力及解决问题的能力	10				
10	爱惜仪器、工具的程度	10				
	综合成绩					

评价等级具体要求：

A级：能熟练识读仪器的各个部件；熟悉掌握各个部件的作用；安置仪器的方法规范；粗平过程中严格按照规范操作；瞄准目标时能检查视差，并精确瞄准目标；能按规范进行数值读取，记录符合规范要求，无修改涂抹现象；水准尺竖直；工作任务按时完成；小组能互相协作并及时解决工作中的问题；在操作中爱惜仪器、工具，未发生损坏现象。

B级：能熟练识读仪器的各个部件；基本掌握各个部件的作用；安置仪器的方法比较规范；粗平过程中基本按照规范操作；瞄准目标检查视差，瞄准目标不太精确，未将目标呈现在十字丝的中心位置；能按规范进行数值读取，记录符合规范要求，无修改涂抹现象；水准尺基本竖直；工作任务按时完成；小组能互相协作并在教师指导下解决问题；在操作中未发生仪器、工具的损坏现象。

C级：能识读仪器的各个部件；基本掌握各个部件的作用；安置仪器的方法比较规范；粗平过程中基本按照规范操作；瞄准目标时未检查视差，瞄准目标不太精确，未将目标呈现在十字丝的中心位置；能按规范进行数值读取，记录符合规范要求，有修改涂抹现象；水准尺不竖直；工作任务未按时完成；小组之间未互相协作；在操作中发生仪器、工具的损坏现象。

工作任务1-2　普通水准测量

💬【任务须知】

一、目的与要求

① 熟练掌握水准仪的基本构造和性能，识读其主要构件的名称和作用。

② 练习水准仪的安置、瞄准、读数和高差计算。

二、计划与仪器工具

① 实训时数安排为1学时。每一实训小组由4~6人组成。

② 每组实训设备为微倾式水准仪1台，自动安平水准仪1台，水准尺1根，自备2H铅笔2支。

三、工作任务与步骤

1. 工作任务

在地面上任意指定两个点 A 和 B，测量 A、B 两点间的高差。要求每个同学测量一次，记录计算一次。

2. 实施步骤

① 在 A、B 两点中间位置安置仪器，粗平。

② 在后视点 A 点竖立水准尺，将水准仪瞄准 A 点的水准尺，然后精平，进行读数并记录为 a。

③ 在前视点 B 点竖立水准尺，将水准仪瞄准 B 点的水准尺，然后精平，进行读数并记录为 b。

④ 在 A、B 两点中间位置重新安置仪器，再实行操作一遍，注意两次仪器的高度要相差10cm以上。

四、注意事项

① 安置仪器要稳、防止下沉，防止碰动，安置仪器时尽量使前、后视距相等。

② 观测前必须对仪器进行检验与校正。

③ 观测过程中，手不要扶脚架。在土质松软地区作业时，转点处应该使用尺垫。搬站时要保护好尺垫，不得碰动，避免传递高程产生错误。

④ 要确保读数时气泡严格居中，视线水平。

⑤ 每个测站应记录、计算的内容必须当站完成。测站检核无误后，方可迁站。做到随观测、随记录、随计算、随检核。

水准测量记录手簿（高差法）见表1-2-1。

普通水准测量

班级：　　　　姓名：　　　　学号：　　　　日期：　　　　组长：　　　　天气：

表1-2-1　水准测量记录手簿（高差法）

测段编号	测点	后视读数/m	前视读数/m	高差/m	平均高差/m	观测者	记录者
1❶	2	3	4	5	6	7	8

❶ 本行数字为观测手簿各栏（列）编号。本书后文一些表格中，亦有类似用法。

任务评价主要从表1-2-2的指标进行评价。

表1-2-2 《普通水准测量》工作任务评价表

班级：　　　　　　　　　姓名：　　　　　　　　　学号：

序号	评价指标	分值/分	评定等级			得分/分
			A(权重1.0)	B(权重0.8)	C(权重0.6)	
1	安置仪器的方法	10				
2	粗平	10				
3	瞄准目标	10				
4	读数是否规范	10				
5	水准尺是否竖直	10				
6	记录是否规范	10				
7	成果是否符合精度要求	10				
8	小组工作任务是否按时完成	10				
9	小组协作能力及解决问题的能力	10				
10	爱惜仪器、工具的程度	10				
	综合成绩					

评价等级具体要求：

A级：安置仪器的方法规范；粗平过程中严格按照规范操作；瞄准目标时能检查视差，并精确瞄准目标；能按规范进行数值读取，记录符合规范要求，无修改涂抹现象；水准尺竖直；成果符合精度要求，误差在2mm以内；工作任务按时完成；小组能互相协作并及时解决工作中的问题；在操作中爱惜仪器、工具，未发生损坏现象。

B级：安置仪器的方法比较规范；粗平过程中基本按照规范操作；瞄准目标时能检查视差，瞄准目标不太精确，未将目标呈现在十字丝的中心位置；能按规范进行数值读取，记录符合规范要求，无修改涂抹现象；水准尺基本竖直；成果符合精度要求，误差在6mm以内；工作任务按时完成；小组能互相协作并在教师指导下解决问题；在操作中未发生仪器、工具的损坏现象。

C级：能识读仪器的各个部件；基本掌握各个部件的作用；安置仪器的方法比较规范；粗平过程中基本按照规范操作；瞄准目标时未检查视差，瞄准目标不太精确，未将目标呈现在十字丝的中心位置；能按规范进行数值读取，记录符合规范要求，有修改涂抹现象；水准尺不竖直；工作任务未按时完成；小组之间未互相协作；在操作中发生仪器、工具的损坏现象。

课堂
笔记

工作任务1-3　水准路线测量

一、目的与要求

① 熟知水准仪的基本构造和性能、其主要构件的名称和作用。
② 掌握普通水准测量的施测、记录、计算、闭合差调整及高程计算的方法。

二、计划与仪器工具

① 实训时数安排为1学时。每一实训小组由4~6人组成。
② 每组实训设备为微倾式水准仪1台，自动安平水准仪1台，水准尺1根，自备2H铅笔2支。

三、工作任务与步骤

1. 工作任务

由教师指定进行闭合水准路线测量，给出已知高程水准点的位置和待测点（2~3个）的位置，水准路线测量共需4~6个测站。

2. 实施步骤

① 在起始水准点和第一个立尺点之间安置水准仪（注意用目估或步量使仪器前、后视距离大致相等），在前、后视点上竖立水准尺（注意已知水准点和待测点上均不放尺垫，而在转点上必须放尺垫），按一个测站上的操作程序进行观测，即：安置→粗平→瞄准后视尺→精平→读数→瞄准前视尺→精平→读数。

观测员的每次读数，记录员都应回报、检核后记入测量手簿中，并在测站上算出测站高差。
② 依次设站，用相同方法施测，直到回到起始水准点。
③ 计算高差闭合差，若在精度以内，将闭合差分配改正，求出待测点高程。若超限则须重测。

四、注意事项

① 前、后视距应大致相等。
② 同一测站，圆水准器只能整平一次。
③ 每次读数前，要消除视差并进行精平。
④ 水准尺应立直，水准点和待测点上立尺不放尺垫，只在转点处放尺垫，也可选择有凸出点的坚实地物作为转点而不用尺垫。
⑤ 仪器未搬迁，前、后视点若安放尺垫则均不得移动。仪器搬迁了，后视点才能携尺和尺垫前进，但前视点尺垫不得移动。
⑥ 水准路线的高差闭合差应符合要求。

水准测量记录手簿（高差法）见表1-3-1，水准测量成果计算表见表1-3-2。

水准路线测量

班级：　　　　姓名：　　　　学号：　　　　日期：　　　　组长：　　　　天气：

表1-3-1　水准测量记录手簿（高差法）

测段编号	测点	后视读数/m	前视读数/m	高差/m	平均高差/m	观测者	记录者
1	2	3	4	5	6	7	8

水准路线测量

班级：　　　姓名：　　　学号：　　　日期：　　　组长：　　　天气：

表1-3-2　水准测量成果计算表

仪器编号＿＿＿＿＿＿＿＿　填表日期：＿＿＿＿年＿＿月＿＿日

测段编号	测点	距离/km	实测高差/m	高差改正数/m	改正后高差/m	高程/m	备注
1	2	3	4	5	6	7	8
Σ							
辅助计算							

任务评价主要从表1-3-3的指标进行评价。

表1-3-3 《水准路线测量》工作任务评价表

班级：　　　　　　　　　　姓名：　　　　　　　　　　学号：

序号	评价指标	分值/分	评定等级			得分/分
			A（权重1.0）	B（权重0.8）	C（权重0.6）	
1	安置仪器的方法	10				
2	粗平	10				
3	瞄准目标	10				
4	读数是否规范	10				
5	水准尺是否竖直	10				
6	记录是否规范	10				
7	成果是否符合精度要求	10				
8	小组工作任务是否按时完成	10				
9	小组协作能力及解决问题的能力	10				
10	爱惜仪器、工具的程度	10				
	综合成绩					

评价等级具体要求：

A级：安置仪器的方法规范；粗平过程中严格按照规范操作；瞄准目标时能检查视差，并精确瞄准目标；能按规范进行数值读取，记录符合规范要求，无修改涂抹现象；水准尺竖直；成果符合精度要求，误差在2mm以内；工作任务按时完成；小组能互相协作并及时解决工作中的问题；在操作中爱惜仪器、工具，未发生损坏现象。

B级：安置仪器的方法比较规范；粗平过程中基本按照规范操作；瞄准目标时能检查视差，瞄准目标不太精确，未将目标呈现在十字丝的中心位置；能按规范进行数值读取，记录符合规范要求，无修改涂抹现象；水准尺基本竖直；成果符合精度要求，误差在6mm以内；工作任务按时完成；小组能互相协作并在教师指导下解决问题；在操作中未发生仪器、工具的损坏现象。

C级：能识读仪器的各个部件；基本掌握各个部件的作用；安置仪器的方法比较规范；粗平过程中基本按照规范操作；瞄准目标时未检查视差，瞄准目标不太精确，未将目标呈现在十字丝的中心位置；能按规范进行数值读取，记录符合规范要求，有修改涂抹现象；水准尺不竖直；工作任务未按时完成；小组之间未互相协作；在操作中发生仪器、工具的损坏现象。

工作任务1-4　经纬仪的认识与使用

⬤【任务须知】

一、目的与要求

① 了解DJ$_6$光学经纬仪的基本构造和性能，认识其主要构件的名称和作用。
② 熟练掌握电子经纬仪的构造及性能。

二、计划与仪器工具

① 实训时数安排为1学时。每一实训小组由4~6人组成。
② 每组实训设备为光学经纬仪1台，电子经纬仪1台，自备2H铅笔2支。

三、工作任务与步骤

1. 工作任务
① 电子经纬仪构造认识。
② 按照对中整平步骤，安置电子经纬仪，并观测水平角度。

2. 实施步骤
① 电子经纬仪与光学经纬仪一样是由照准部、基座、水平度盘等部分组成，所不同的是电子经纬仪采用光栅度盘，读数方式为电子显示。

电子经纬仪有功能操作键及电源，还配有数据通信接口，可与测距仪组成电子速测仪。该实训应在指导教师演示后进行操作。

② 电子经纬仪的使用。

a. 在实训场地上选择一点O，作为测站；选择另外两点A、B，在A、B上竖立标杆。

b. 将电子经纬仪安置于O点，对中、整平。

c. 打开电源开关，进行自检，纵转望远镜，设置垂直度盘指标。

d. 盘左瞄准左目标A，按置零键，使水平度盘读数显示为0°00′00″，顺时针旋转照准部，瞄准右目标B，读取显示读数。

e. 以同样方法可以进行盘右观测。

f. 如要测竖直角，可在读取水平度盘读数的同时读取竖盘的显示读数。

四、注意事项

① 对中误差应小于1mm，整平误差应小于1格，同一角度各测回互差应小于24″。
② 装卸电池时必须关闭电源开关。
③ 观测前应先进行有关初始设置。
④ 搬站时应先关机。

经纬仪的认识与使用

班级：　　姓名：　　学号：　　日期：　　组长：　　天气：

1. 请说明电子经纬仪的构造。

2. 请说明电子经纬仪的操作方法。

3. 请说明视差检查的方法及消除方法。

任务评价主要从表1-4-1的指标进行评价。

表1-4-1 《经纬仪的认识与使用》工作任务评价表

班级：　　　　　　　　　　姓名：　　　　　　　　　　学号：

序号	评价指标	分值/分	评定等级			得分/分
			A(权重1.0)	B(权重0.8)	C(权重0.6)	
1	经纬仪各个部件的名称	10				
2	经纬仪各个部件的作用	10				
3	安置仪器的方法	10				
4	对中整平	10				
5	瞄准目标	10				
6	读数是否规范	10				
7	瞄准测钎根部	10				
8	小组工作任务是否按时完成	10				
9	小组协作能力及解决问题的能力	10				
10	爱惜仪器、工具的程度	10				
	综合成绩					

评价等级具体要求：

A级：能熟练识读仪器的各个部件；掌握各个部件的作用；安置仪器的方法规范；对中整平过程中严格按照规范操作；瞄准目标时能检查视差，并精确瞄准目标；能按规范进行数值读取，记录符合规范要求，无修改涂抹现象；瞄准测钎根部；工作任务按时完成；小组能互相协作并及时解决工作中的问题；在操作中爱惜仪器、工具，未发生损坏现象。

B级：能熟练识读仪器的各个部件；基本掌握各个部件的作用；安置仪器的方法比较规范；对中整平过程中基本按照规范操作；瞄准目标时能检查视差，瞄准目标不太精确，未将目标呈现在十字丝的中心位置；能按规范进行数值读取，记录符合规范要求，无修改涂抹现象；瞄准测钎根部；工作任务按时完成；小组能互相协作并在教师指导下解决问题；在操作中未发生仪器、工具的损坏现象。

C级：能识读仪器的各个部件；基本掌握各个部件的作用；安置仪器的方法比较规范；对中整平过程中基本按照规范操作；瞄准目标时未检查视差，瞄准目标不太精确，未将目标呈现在十字丝的中心位置；能按规范进行数值读取，记录符合规范要求，有修改涂抹现象；未瞄准测钎根部；工作任务未按时完成；小组之间未互相协作；在操作中发生仪器、工具的损坏现象。

課堂
笔记

工作任务 1-5　测回法观测水平角

●【任务须知】

一、目的与要求

① 熟悉经纬仪的使用。
② 掌握测回法观测水平角的观测程序、记录和计算方法。
③ 上、下半测回角值互差不超过±40″。

二、计划与仪器工具

① 实训时数安排为1学时。每一实训小组由4~6人组成。
② 每组实训设备为光学经纬仪1台、电子经纬仪1台，自备2H铅笔2支。
③ 在实训场地每小组打一木桩，设置测站点，周围布置A、B两个目标，供测角用。
④ 在熟悉经纬仪使用后，每人用测回法测水平角，实训结束时，每人交一份实训报告。

三、工作任务与步骤

1. 工作任务
每位同学测量一个水平角。

2. 实施步骤
① 安置经纬仪于测站上，对中整平。
② 度盘设置：

若共测 n 个测回，则第 i 个测回的度盘位置为略大于 $(i-1)×180°/n$。如测两个测回，根据公式计算，第一测回起始读数稍大于0°，第二测回起始读数稍大于90°。转动度盘变换手轮，将第 i 测回的度盘置于相应的位置。

若只测一个测回，则可不配置度盘。

③ 一测回观测：

盘左：瞄准左目标 A，读取水平度盘的读数 a_1，顺时针方向转动照准部，瞄准右目标 B，读取水平度盘的读数 b_1，计算上半测回角值 $\beta_{左}=b_1-a_1$。

盘右：瞄准右目标 B，读取水平度盘读数 b_2，逆时针方向转动照准部，瞄准目标 A，读取水平度盘读数 a_2，计算下半测回角值 $\beta_{右}=b_2-a_2$。

检查上、下半测回角值互差是否超限，若在±40″范围内，计算一测回角值 $\beta=\frac{1}{2}(\beta_{左}+\beta_{右})$。

④ 测站观测完毕后，检查各测回角值互差不超过±24″，计算各测回的平均角值。

四、注意事项

① 瞄准目标时尽可能瞄准其底部。

② 一测回观测时，注意盖上度盘变换手轮护罩，切勿误动度盘变换手轮，或复测手轮。

③ 光学对中误差应小于1mm，整平误差应小于1格，同一角度各测回互差应小于24″。

④ 装卸电池时必须关闭电源开关。

测回法观测水平角记录见表1-5-1。

测回法观测水平角

班级：　　　　姓名：　　　　学号：　　　　日期：　　　　组长：　　　　天气：

表1-5-1　测回法观测水平角记录

测站	目标	竖盘位置	水平度盘读数 /(° ′ ″)	半测回角值 /(° ′ ″)	一测回角值 /(° ′ ″)	备注

任务评价主要从表1-5-2的指标进行评价。

表1-5-2 《测回法观测水平角》工作任务评价表

班级：　　　　　　　　　　姓名：　　　　　　　　　　学号：

序号	评价指标	分值/分	评定等级			得分/分
			A(权重1.0)	B(权重0.8)	C(权重0.6)	
1	安置仪器的方法	10				
2	对中整平	10				
3	瞄准目标	10				
4	读数是否规范	10				
5	瞄准测钎根部	10				
6	记录是否规范	10				
7	测量成果是否满足精度要求	10				
8	小组工作任务是否按时完成	10				
9	小组协作能力及解决问题的能力	10				
10	爱惜仪器、工具的程度	10				
	综合成绩					

评价等级具体要求：

A级：安置仪器的方法规范；对中整平过程中严格按照规范操作；瞄准目标时能检查视差，并精确瞄准目标；能按规范进行数值读取，记录符合规范要求，无修改涂抹现象；瞄准测钎根部；测量成果符合精度要求；工作任务按时完成；小组能互相协作并及时解决工作中的问题；在操作中爱惜仪器、工具，未发生损坏现象。

B级：安置仪器的方法比较规范；对中整平过程中基本按照规范操作；瞄准目标时能检查视差，瞄准目标不太精确，未将目标呈现在十字丝的中心位置；能按规范进行数值读取，记录符合规范要求，无修改涂抹现象；瞄准测钎根部；测量成果符合精度要求；工作任务按时完成；小组能互相协作并在教师指导下解决问题；在操作中未发生仪器、工具的损坏现象。

C级：安置仪器的方法比较规范；对中整平过程中基本按照规范操作；瞄准目标时未检查视差，瞄准目标不太精确，未将目标呈现在十字丝的中心位置；能按规范进行数值读取，记录符合规范要求，有修改涂抹现象；未瞄准测钎根部；测量成果不符合精度要求；工作任务未按时完成；小组之间未互相协作；在操作中发生仪器、工具的损坏现象。

工作任务1-6　方向观测法观测水平角

●●●【任务须知】

一、目的与要求

① 熟悉经纬仪的使用。

② 掌握方向观测法观测水平角的观测程序、记录和计算方法。

③ 上、下半测回角值互差不超过±40″。

二、计划与仪器工具

① 实训时数安排为1学时。每一实训小组由4~6人组成。

② 每组实训设备为光学经纬仪1台、电子经纬仪1台，自备2H铅笔2支。

③ 在实训场地每小组打一木桩，设置测站点，周围布置A、B、C、D四个目标，供测角用。

三、工作任务与步骤

1. 工作任务

布置A、B、C、D四个目标，完成角度观测。

2. 实施步骤

① 安置经纬仪于测站上，对中整平。

② 度盘设置：

若共测n个测回，则第i个测回的度盘位置为略大于$(i-1) \times 180°/n$。如测两个测回，根据公式计算，第一测回起始读数稍大于0°，第二测回起始读数稍大于90°。转动度盘变换手轮，将第i测回的度盘置于相应的位置。若只测一个测回，则可不配置度盘。

③ 一测回观测：

a. 在测站点O安置经纬仪，在A、B、C、D观测目标处竖立观测标志。

b. 盘左位置：选择一个明显目标A作为起始方向，瞄准零方向A，将水平度盘读数安置在稍大于0°处，读取水平度盘读数，记入方向观测法观测手簿（表1-6-1）第4栏。

松开照准部制动螺旋，按顺时针方向旋转照准部，依次瞄准B、C、D各目标，分别读取水平度盘读数，记入表1-6-1第4栏，为了校核，再次瞄准零方向A，称为上半测回归零，读取水平度盘读数，记入表1-6-1第4栏。

零方向A的两次读数之差的绝对值，称为半测回归零差。归零差不应超过规定，如果归零差超限，应重新观测。以上称为上半测回。

c. 盘右位置：逆时针方向依次照准目标A、D、C、B、A，并将水平度盘读数由下向上记入表1-6-1第5栏，此为下半测回。

d. 测站观测完毕后，检查各测回角值互差不超过±24″，计算各测回的平均角值。

四、注意事项

① 瞄准目标时尽可能瞄准其底部。
② 对中误差应小于1mm，整平误差应小于1格，同一角度各测回互差应小于24″。
③ 装卸电池时必须关闭电源开关。

【任务报告】

方向观测法测水平角记录见表1-6-1。

方向观测法观测水平角

班级： 姓名： 学号： 日期： 组长： 天气：

表1-6-1 方向观测法测水平角记录

测站	测回数	目标	水平度盘读数		2c	平均读数	归零后方向值	各测回归零后方向平均值	略图及角值
			盘左	盘右					
			(° ′ ″)	(° ′ ″)	(″)	(° ′ ″)	(° ′ ″)	(° ′ ″)	
1	2	3	4	5	6	7	8	9	10
O	1	A							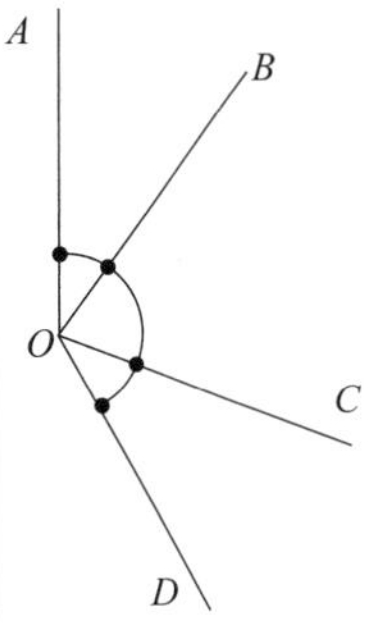
		B							
		C							
		D							
		A							
	2	A							
		B							
		C							
		D							
		A							

备注：每个人需要观测两个测回。

任务评价主要从表1-6-2的指标进行评价。

表1-6-2 《方向观测法观测水平角》工作任务评价表

班级：　　　　　　　　　　　姓名：　　　　　　　　　　学号：

序号	评价指标	分值/分	评定等级			得分/分
			A(权重1.0)	B(权重0.8)	C(权重0.6)	
1	安置仪器的方法	10				
2	对中整平	10				
3	瞄准目标	10				
4	读数是否规范	10				
5	瞄准测钎根部	10				
6	记录是否规范	10				
7	测量成果是否满足精度要求	10				
8	小组工作任务是否按时完成	10				
9	小组协作能力及解决问题的能力	10				
10	爱惜仪器、工具的程度	10				
	综合成绩					

评价等级具体要求：

A级：安置仪器的方法规范；对中整平过程中严格按照规范操作；瞄准目标时能检查视差，并精确瞄准目标；能按规范进行数值读取，记录符合规范要求，无修改涂抹现象；瞄准测钎根部；测量成果符合精度要求；工作任务按时完成；小组能互相协作并及时解决工作中的问题；在操作中爱惜仪器、工具，未发生损坏现象。

B级：安置仪器的方法比较规范；对中整平过程中基本按照规范操作；瞄准目标时能检查视差，瞄准目标不太精确，未将目标呈现在十字丝的中心位置；能按规范进行数值读取，记录符合规范要求，无修改涂抹现象；瞄准测钎根部；测量成果符合精度要求；工作任务按时完成；小组能互相协作并在教师指导下解决问题；在操作中未发生仪器、工具的损坏现象。

C级：安置仪器的方法比较规范；对中整平过程中基本按照规范操作；瞄准目标时未检查视差，瞄准目标不太精确，未将目标呈现在十字丝的中心位置；能按规范进行数值读取，记录符合规范要求，有修改涂抹现象；未瞄准测钎根部；测量成果不符合精度要求；工作任务未按时完成；小组之间未互相协作；在操作中发生仪器、工具的损坏现象。

工作任务1-7　竖直角观测

一、目的与要求

① 熟练掌握电子经纬仪的构造及性能。

② 掌握竖直角测量方法。

二、计划与仪器工具

① 实训时数安排为1学时。每一实训小组由4~6人组成。

② 每组实训设备为光学经纬仪1台、电子经纬仪1台，自备2H铅笔2支。

三、工作任务与步骤

1. 工作任务

每位同学完成一个竖直角的观测。

2. 实施步骤

① 在测站点 O 安置经纬仪，在目标点 A 竖立观测标志，按前述方法确定该仪器垂直角计算公式，为方便应用，可将公式记录于垂直角观测手簿中。

② 盘左位置：瞄准目标 A，使十字丝横丝精确地切于目标顶端。转动竖盘指标水准管微动螺旋，使水准管气泡严格居中，然后读取竖盘读数 L，记入垂直角观测手簿相应栏内。

③ 盘右位置：重复步骤②，设其读数为 R，记入垂直角观测手簿相应栏内。

四、注意事项

① 光学对中误差应小于1mm，整平误差应小于1格，同一角度各测回互差应小于24″。

② 装卸电池时必须关闭电源开关。

③ 观测前应先进行有关初始设置。

④ 搬站时应先关机。

竖直角观测记录见表1-7-1。

竖直角观测

班级： 姓名： 学号： 日期： 组长： 天气：

表1-7-1 竖直角观测记录

测站	目标	竖盘位置	竖盘读数/(° ′ ″)	半测回垂直角/(° ′ ″)	指标差/(″)	一测回垂直角/(° ′ ″)	备注
1	2	3	4	5	6	7	8
O	A	左					
		右					
	B	左					
		右					

备注：每个人需要观测两个目标。

任务评价主要从表1-7-2的指标进行评价。

表1-7-2　《竖直角观测》工作任务评价表

班级：　　　　　　　　　　姓名：　　　　　　　　　　学号：

序号	评价指标	分值/分	评定等级			得分/分
			A（权重1.0）	B（权重0.8）	C（权重0.6）	
1	安置仪器的方法	10				
2	对中整平	10				
3	瞄准目标	10				
4	读数是否规范	10				
5	瞄准测钎根部	10				
6	记录是否规范	10				
7	测量成果是否满足精度要求	10				
8	小组工作任务是否按时完成	10				
9	小组协作能力及解决问题的能力	10				
10	爱惜仪器、工具的程度	10				
	综合成绩					

评价等级具体要求：

A级：安置仪器的方法规范；对中整平过程中严格按照规范操作；瞄准目标时能检查视差，并精确瞄准目标；能按规范进行数值读取，记录符合规范要求，无修改涂抹现象；瞄准测钎根部；测量成果符合精度要求；工作任务按时完成；小组能互相协作并及时解决工作中的问题；在操作中爱惜仪器、工具，未发生损坏现象。

B级：安置仪器的方法比较规范；对中整平过程中基本按照规范操作；瞄准目标时能检查视差，瞄准目标不太精确，未将目标呈现在十字丝的中心位置；能按规范进行数值读取，记录符合规范要求，无修改涂抹现象；瞄准测钎根部；测量成果符合精度要求；工作任务按时完成；小组能互相协作并在教师指导下解决问题；在操作中未发生仪器、工具的损坏现象。

C级：安置仪器的方法比较规范；对中整平过程中基本按照规范操作；瞄准目标时未检查视差，瞄准目标不太精确，未将目标呈现在十字丝的中心位置；能按规范进行数值读取，记录符合规范要求，有修改涂抹现象；未瞄准测钎根部；测量成果不符合精度要求；工作任务未按时完成；小组之间未互相协作；在操作中发生仪器、工具的损坏现象。

工作任务1-8 钢尺量距

●●●【任务须知】

一、目的与要求

① 熟悉距离丈量的工具、设备。
② 能够用钢尺按一般方法进行距离丈量。

二、计划与仪器工具

① 实训时数安排为1学时。每一实训小组由4~6人组成。
② 每组实训设备为钢尺1把（30m）、测钎1束、花杆3根、记录板1块，自备2H铅笔2支。

三、工作任务与步骤

1. 任务计划

观测 A、B 两点的水平距离。

2. 实施步骤

① 定桩。在平坦场地上选定相距约30m的 A、B 两点，打下木桩，在桩顶钉上小钉作为点位标志。在直线 AB 两端各竖立1根花杆。

② 往测。

a. 采用经纬仪进行定线，在 AB 两点间定出1、2两个点，并使相邻两点间的距离小于整尺段的长度。

b. 从 A 点开始，分别测量 $A1$、12、$2B$ 两点间的距离 q_1、q_2、q_3，并进行记录。

则 AB 往测距离，即 $D_{AB}=q_1+q_2+q_3$。

③ 返测。往测结束后，再由 B 点向 A 点同法进行量距，得到返测距离 D_{BA}。

④ 根据往、返测距离 D_{AB} 和 D_{BA} 计算量距相对误差，与容许误差相比较。若精度满足要求，则 AB 距离的平均值即为两点间的水平距离。

四、注意事项

① 钢尺必须经过检定才能使用。
② 拉尺时，尺面保持水平，不得握住尺盒拉紧钢尺。收尺时，手摇柄要顺时针旋转。
③ 钢卷尺尺质较脆，应避免过往行人、车辆的踩、压，避免在水中拖拉。
④ 限差要求为：量距的相对误差应小于1/3000，定向误差应小于1°。超限时应重新测量。
⑤ 钢尺使用完毕，擦拭后归还。

钢 尺 量 距

班级：　　　姓名：　　　学号：　　　日期：　　　组长：　　　天气：

1. 主要步骤

2. 数据记录（表1-8-1）

表1-8-1　钢尺量距记录表

测回	测段	前尺读数/m	后尺读数/m	直线长度/m	距离/m	相对精度	平均距离/m
往	A1						
	12						
	2B						
返	B2						
	21						
	1A						

【任务评价】

任务评价主要从表1-8-2的指标进行评价。

表1-8-2 《钢尺量距》工作任务评价表

班级： 姓名： 学号：

序号	评价指标	分值/分	评定等级			得分/分
			A（权重1.0）	B（权重0.8）	C（权重0.6）	
1	经纬仪定线方法	10				
2	仪器操作	10				
3	钢尺量距是否规范	10				
4	读数是否规范	10				
5	测钎是否竖直	10				
6	记录是否规范	10				
7	测量成果是否满足精度要求	10				
8	小组工作任务是否按时完成	10				
9	小组协作能力及解决问题的能力	10				
10	爱惜仪器、工具的程度	10				
	综合成绩					

评价等级具体要求：

A级：定线方法规范；对中整平过程中严格按照规范操作；瞄准目标时能检查视差，并精确瞄准目标；能按规范进行数值读取，记录符合规范要求，无修改涂抹现象；水准尺竖直；测量成果符合精度要求；工作任务按时完成；小组能互相协作并及时解决工作中的问题；在操作中爱惜仪器、工具，未发生损坏现象。

B级：定线方法比较规范；对中整平过程中基本按照规范操作；瞄准目标时能检查视差，瞄准目标不太精确，未将目标呈现在十字丝的中心位置；能按规范进行数值读取，记录符合规范要求，无修改涂抹现象；水准尺基本竖直；测量成果符合精度要求；工作任务按时完成；小组能互相协作并在教师指导下解决问题；在操作中未发生仪器、工具的损坏现象。

C级：定线方法比较规范；对中整平过程中基本按照规范操作；瞄准目标时未检查视差，瞄准目标不太精确，未将目标呈现在十字丝的中心位置；能按规范进行数值读取，记录符合规范要求，有修改涂抹现象；水准尺不竖直；测量成果不符合精度要求；工作任务未按时完成；小组之间未互相协作；在操作中发生仪器、工具的损坏现象。

课堂
笔记

工作任务1-9 视距测量

●●●【任务须知】

一、目的与要求

① 熟悉视距测量的工具、设备。

② 掌握视距测量的一般方法。

二、计划与仪器工具

① 实训时数安排为1学时。每一实训小组由4~6人组成。

② 每组实训设备为经纬仪1台、水准尺1把、记录板1块、自备2H铅笔2支。

三、工作任务与步骤

1. 工作任务

利用视距法完成 AB 水平距离的观测。

2. 实施步骤

① 在地面上任意设置两个点 A、B。在 A 点安置经纬仪，量取仪器高 i，在 B 点竖立水准尺。

② 盘左（或盘右）位置，转动照准部瞄准 B 点水准尺，分别读取上、下、中三丝读数，并算出尺间隔 l。

③ 转动竖盘指标水准管微动螺旋，使竖盘指标水准管气泡居中，读取竖盘读数，并计算垂直角 α。

④ 根据尺间隔 l、垂直角 α、仪器高 i 及中丝读数 v，计算水平距离 D 和高差 h。

⑤ 计算 A、B 两点间的距离。

四、注意事项

① 水准尺要保证竖直。

② 经纬仪操作过程中要保证气泡居中。

③ 读数要做到迅速准确。

视 距 测 量

班级： 姓名： 学号： 日期： 组长： 天气：

1. 主要步骤

2. 数据记录（表1-9-1）

表1-9-1 视距测量记录与计算手簿

测点	下丝读数/m 上丝读数/m 尺间隔 l/m	中丝 读数 v/m	竖盘读数 L/(° ′ ″)	垂直角 α/(° ′ ″)	水平距离 D/m	初算高差 h'/m	高差 h/m	高程 H/m	备注
1									
2									

任务评价主要从表1-9-2的指标进行评价。

表1-9-2 《视距测量》工作任务评价表

班级：　　　　　　　　姓名：　　　　　　　　学号：

序号	评价指标	分值/分	评定等级			得分/分
			A(权重1.0)	B(权重0.8)	C(权重0.6)	
1	经纬仪定线方法	10				
2	仪器操作	10				
3	瞄准目标	10				
4	读数是否规范	10				
5	测钎是否竖直	10				
6	记录是否规范	10				
7	测量成果是否满足精度要求	10				
8	小组工作任务是否按时完成	10				
9	小组协作能力及解决问题的能力	10				
10	爱惜仪器、工具的程度	10				
	综合成绩					

评价等级具体要求：

A级：定线方法规范；对中整平过程中严格按照规范操作；瞄准目标时能检查视差，并精确瞄准目标；能按规范进行数值读取，记录符合规范要求，无修改涂抹现象；水准尺竖直；测量成果符合精度要求；工作任务按时完成；小组能互相协作并及时解决工作中的问题；在操作中爱惜仪器、工具，未发生损坏现象。

B级：定线方法比较规范；对中整平过程中基本按照规范操作；瞄准目标时能检查视差，瞄准目标不太精确，未将目标呈现在十字丝的中心位置；能按规范进行数值读取，记录符合规范要求，无修改涂抹现象；水准尺基本竖直；测量成果符合精度要求；工作任务按时完成；小组能互相协作并在教师指导下解决问题；在操作中未发生仪器、工具的损坏现象。

C级：定线方法比较规范；对中整平过程中基本按照规范操作；瞄准目标时未检查视差，瞄准目标不太精确，未将目标呈现在十字丝的中心位置；能按规范进行数值读取，记录符合规范要求，有修改涂抹现象；水准尺不竖直；测量成果不符合精度要求；工作任务未按时完成；小组之间未互相协作；在操作中发生仪器、工具的损坏现象。

课堂
笔记

工作任务1-10　全站仪的使用

一、目的与要求

① 熟悉全站仪的构造及功能。
② 掌握全站仪的角度测量、距离测量及坐标测量方法。

二、计划与仪器工具

① 实训时数安排为2学时。每一实训小组由4~6人组成。
② 每组实训设备为全站仪1台、反射棱镜1台、记录板1块，自备2H铅笔2支。

三、工作任务与步骤

1. 工作任务
在地面上选定一个测站点 O 和两个目标点 A、B，用全站仪测量∠AOB。同时测量 AB 的水平距离。

2. 实施步骤
（1）角度测量
① 将全站仪架设在测站点 O 上，对中整平，将对中杆棱镜组分别架设于待测点 A、B 上，将对中杆反光面朝向全站仪。
② 按下电源开关键，打开电源，按下角度测量键，进入角度测量模式。
③ 打开竖直和水平制动螺旋，用盘左位置将全站仪瞄准待测点 A 点对中杆棱镜组上反光棱镜的中心位置，使十字丝竖丝与觇牌上小三角形的顶点重合。
④ 打开角度测量模式后的显示屏显示画面，用测回法测量∠AOB。完成两个测回的测量。
（2）距离测量
① 将全站仪架设在测站点 O 上，对中整平，将对中杆棱镜组分别架设于待测点 A、B 上，将对中杆反光面朝向全站仪。
② 按下电源开关键，打开电源，按下距离测量键，进入距离测量模式。进行温度、气压和棱镜常数设置画面，输入测定的棱镜常数、温度和气压，并确认。
③ 松开竖直和水平制动螺旋，用全站仪瞄准待测点 A 点对中杆棱镜组上反光棱镜的中心位置，进行距离测量。

四、注意事项

① 日光下测量应避免将物镜直接瞄准太阳。若在太阳下作业，应安装滤光镜。
② 仪器在安装至三脚架或从三脚架上拆卸时，要一只手先握住仪器，以防仪器跌落。
③ 外露光学件需要清洁时，应用脱脂棉或镜头纸轻轻擦净，切不可用其他物品擦拭。

④ 作业前应仔细全面检查仪器，确信仪器各项指标、功能、电源、初始设置和改正参数均符合要求时再进行作业。

⑤ 本系列全站仪发射光是激光，使用时不得对准眼睛。

⑥ 保持触摸屏清洁，不要用锐物擦刮触摸屏。

全站仪观测水平角及水平距离见表1-10-1。

全站仪的使用

班级： 姓名： 学号： 日期： 组长： 天气：

表1-10-1 全站仪观测水平角及水平距离

测站	水平角观测					水平距离观测		
	目标	盘位	水平度盘读数/(° ′ ″)	半测回角值/(° ′ ″)	一测回角值/(° ′ ″)	边名	水平距离/m	水平距离均值/m

任务评价主要从表1-10-2的指标进行评价。

表1-10-2 《全站仪的使用》工作任务评价表

班级：　　　　　　　　　　姓名：　　　　　　　　　　学号：

序号	评价指标	分值/分	评定等级			得分/分
			A(权重1.0)	B(权重0.8)	C(权重0.6)	
1	全站仪构造认知	10				
2	熟知全站仪测量模式	10				
3	全站仪的设置是否正确	10				
4	角度测量步骤是否规范	10				
5	距离测量步骤是否规范	10				
6	记录是否规范	10				
7	测量成果是否满足精度要求	10				
8	小组工作任务是否按时完成	10				
9	小组协作能力及解决问题的能力	10				
10	爱惜仪器、工具的程度	10				
	综合成绩					

评价等级具体要求：

A级：能熟知全站仪的构造；能熟练设置全站仪各功能键；反光棱镜组的分类、各常数的设置熟练；角度测量和距离测量的步骤熟练；记录符合规范要求，无修改涂抹现象；测量成果符合精度要求；工作任务按时完成；小组能互相协作并及时解决工作中的问题；在操作中爱惜仪器、工具，未发生损坏现象。

B级：能熟知全站仪的构造；能设置全站仪各功能键；能够掌握反光棱镜组的分类、各常数的设置；角度测量和距离测量的步骤比较规范；记录符合规范要求，无修改涂抹现象；测量成果符合精度要求；工作任务按时完成；小组能互相协作并在教师指导下解决问题；在操作中未发生仪器、工具的损坏现象。

C级：对全站仪的构造基本掌握；知道全站仪各功能键的名称和作用；对反光棱镜组的分类、各常数的设置不太熟练；在教师指导下能进行角度测量和距离测量的操作；记录符合规范要求，有修改涂抹现象；测量成果不符合精度要求；工作任务未按时完成；小组之间未互相协作；在操作中发生仪器、工具的损坏现象。

工作任务 2-1　直 线 定 向

●【任务须知】

一、目的与要求

① 熟练掌握坐标方位角的定义。

② 能进行坐标方位角的推算。

二、计划与仪器工具

① 实训时数安排为1学时。

② 本次任务为计算类任务，需自备签字笔、2H铅笔各1支。

三、工作任务与步骤

① 工作任务：计算直线的坐标方位角。

② 实施步骤：根据给出的题目计算方位角。

四、注意事项

① 在计算过程中，注意公式的灵活运用。

② 左角和右角的判断一定要正确。

直 线 定 向

班级： 姓名： 学号： 日期： 组长： 天气：

1. 设已知四条直线的坐标方位角分别为47°27′、177°37′、226°48′、337°18′，试分别求出它们的象限角和反坐标方位角。

2. 如图2-1-1所示，已知 α_{AB}=55°20′，β_B=126°24′，β_C=134°06′，求其余各边的坐标方位角。

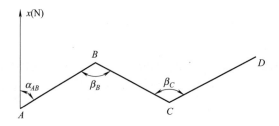

图2-1-1 推导坐标方位角

3. 已知直线12的象限角为南西45°18′，求它的坐标方位角。

任务评价主要从表2-1-1的指标进行评价。

表2-1-1 《直线定向》工作任务评价表

班级：　　　　　　　　　　姓名：　　　　　　　　　　学号：

题号	评价指标	分值/分	评定等级			得分/分
			A(权重1.0)	B(权重0.6)	C(权重0)	
1	第一条直线	10				
	第二条直线	10				
	第三条直线	10				
	第四条直线	10				
2	BC坐标方位角	20				
	CD坐标方位角	20				
3	直线12坐标方位角	20				
	综合成绩					

评价等级具体要求：

A级：计算结果正确。

B级：公式正确，结果错误。

C级：不正确或不会。

工作任务2-2 坐 标 计 算

一、目的与要求

① 熟练掌握坐标增量的定义。
② 能进行点的坐标正算和反算。

二、计划与仪器工具

① 实训时数安排为1学时。
② 本次任务为计算类任务，需自备签字笔、2H铅笔各1支。

三、工作任务与步骤

① 计算点的坐标。
② 根据点的坐标，计算直线的坐标方位角。

四、注意事项

① 在计算过程中，注意公式的灵活运用。
② 要正确判断直线的象限。

坐 标 计 算

班级： 姓名： 学号： 日期： 组长： 天气：

1. 已知 A 点的坐标为（1243.06m，3051.15m），AB 的边长为 D_{AB}=150.93m，AB 边的坐标方位角为 α_{AB}=112°29′，试计算 B 点的坐标。

2. 已知 A 点的坐标为（4750.94m，5618.68m），B 点的坐标为（4635.70m，5844.68m），试求 AB 的边长和坐标方位角。

任务评价主要从表2-2-1的指标进行评价。

表2-2-1 《坐标计算》工作任务评价表

班级:　　　　　　　　姓名:　　　　　　　　学号:

题号	评价指标	分值/分	评定等级			得分/分
			A(权重1.0)	B(权重0.6)	C(权重0)	
1	Δx_{AB}	10				
	Δy_{AB}	10				
	x_B	10				
	y_B	10				
2	Δx_{AB}	10				
	Δy_{AB}	10				
	α_{AB}	20				
	D_{AB}	20				
综合成绩						

评价等级具体要求:

A级:计算结果正确。

B级:公式正确,结果错误。

C级:不正确或不会。

课堂
笔记

工作任务2-3　通过导线进行平面控制测量

一、目的与要求

① 熟练掌握导线外业观测的步骤。
② 能进行导线的内业计算。

二、计划与仪器工具

① 实训时数安排为1学时。每一实训小组由4~6人组成。
② 每组实训设备为经纬仪（全站仪）1台、钢尺（光电测距仪）1把（台）、测钎2根，自备2H铅笔2支。

三、工作任务与步骤

1. 工作任务

在校园内选择5个控制点，外业观测结果如图2-3-1所示。试计算各点坐标。

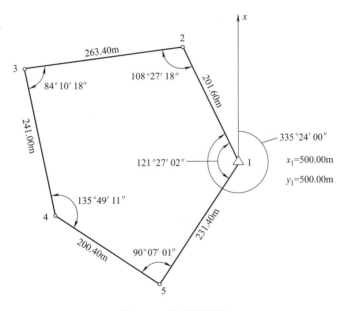

图2-3-1　外业观测结果

2. 实施步骤

① 确定观测点。

② 根据小组，划分小组成员任务。
③ 观测各个点位的数据。

四、注意事项

① 在计算过程中，注意公式的灵活运用。
② 要注意小数点保留位数。

◐【任务报告】

闭合导线坐标计算表见表2-3-1。

通过导线进行平面控制测量

班级：　　　　姓名：　　　　学号：　　　　日期：　　　　组长：　　　　天气：

表2-3-1　闭合导线坐标计算表

点号	观测角（右角）/(° ′ ″)	改正数/(″)	改正后角值/(° ′ ″)	坐标方位角/(° ′ ″)	边长/m	坐标增量/m		改正后坐标增量/m		坐标/m	
						Δx	Δy	$\Delta x_{改}$	$\Delta y_{改}$	x	y
1	2	3	4	5	6	7	8	9	10	11	12
1											
2											
3											
4											
5											
1											
2											
Σ											
辅助计算											

任务评价主要从表2-3-2的指标进行评价。

表2-3-2 《通过导线进行平面控制测量》工作任务评价表

班级： 姓名： 学号：

序号	评价指标	分值/分	评定等级			得分/分
			A(权重1.0)	B(权重0.6)	C(权重0)	
1	角值改正数	10				
	坐标方位角的计算	10				
2	Δx_{AB}	20				
	Δy_{AB}	20				
3	x_B	10				
	y_B	10				
4	辅助计算	20				
	综合成绩					

评价等级具体要求：

A级：计算结果正确。

B级：公式正确，结果错误。

C级：不正确或不会。

工作任务2-4　通过GPS定位进行平面控制测量

●【任务须知】

一、目的与要求

掌握通过GPS定位测量来建立平面控制网的方法。

二、计划与仪器工具

① 实训时数安排为2学时。每一实训小组由4~6人组成。

② 每组实训设备为水准仪1台、双面水准尺1把，自备2H铅笔2支。

三、工作任务与步骤

1.工作任务

在学校内，根据学校的地形条件，选择点连式的GPS网，进行平面控制测量。

2.实施步骤

① 选择点连式的GPS网，并满足E类GPS网的精度要求。

② 在校园内，选取N个控制点，构成点连式的GPS网，并按临时控制点方法埋设标石。

③ 参照全站仪或经纬仪的对中整平步骤，利用GPS基座上的对中器和圆水准器，使基座对中整平，将GPS接收机放入基座连接插口中，拧紧连接螺旋。各组按照统一开机时间，按下开机键，GPS接收数据开始。

④ 50min之后，各小组同时按下关机键，GPS接收数据结束。观测记录由GPS接收机自动进行，均记录在存储介质上。

⑤ 对外业测量数据进行检查，确保无误后才能进行后续的平差计算和数据处理。如超出规范规定，则重新测量。

四、注意事项

① 各观测站之间要求通视良好。

② 选择点位时，应选在便于安置接收机、视野比较开阔的位置。

③ 点位应远离大功率无线电发射源、高压输电线。

通过GPS定位进行平面控制测量

班级：　　姓名：　　学号：　　日期：　　组长：　　天气：

数据计算及处理：

1. 同步观测基线向量的解算

2. 观测成果的检测与网的整体平差

3. 坐标系统的转换与地面网的联合平差

【任务评价】

任务评价主要从表2-4-1的指标进行评价。

表2-4-1 《通过GPS定位进行平面控制测量》工作任务评价表

班级：　　　　　　　　　　姓名：　　　　　　　　　　学号：

序号	评价指标	分值/分	评定等级			得分/分
			A(权重1.0)	B(权重0.8)	C(权重0.6)	
1	工作任务计划是否合理	10				
2	GPS网的精度选择及图形设计是否合理	10				
3	GPS接收机的对中整平步骤是否规范	10				
4	GPS的观测步骤是否规范	10				
5	同步观测基线向量的解算	10				
6	观测成果的检测与网的整体平差	10				
7	坐标系统的转换与地面网的联合平差	10				
8	测设成果精度是否符合要求	10				
9	小组工作任务是否按时完成	10				
10	爱惜仪器、工具的程度	10				
	综合成绩					

评价等级具体要求：

A级：工作任务计划制订合理；GPS网的精度选择及图形设计合理；GPS接收机的对中整平步骤规范；GPS的观测步骤规范；同步观测基线向量的解算、观测成果的检测与网的整体平差，及坐标系统的转换与地面网的联合平差计算正确；测设成果精度符合要求；工作任务按时完成；在操作中爱惜仪器、工具，未发生损坏现象。

B级：工作任务计划制订较为合理；GPS网的精度选择及图形设计基本合理；GPS接收机的对中整平步骤比较规范；GPS的观测步骤比较规范；同步观测基线向量的解算、观测成果的检测与网的整体平差，及坐标系统的转换与地面网的联合平差计算基本正确；测设成果精度符合要求；工作任务按时完成；在操作中爱惜仪器、工具，未发生损坏现象。

C级：工作任务计划制订不太合理，分工不明确；GPS网的精度选择及图形设计基本合理；GPS接收机的对中整平步骤不太规范；会进行GPS的观测但是不太规范；平差计算不正确或未计算；测设成果精度未达规范要求；工作任务未按时完成；小组之间未互相协作；在操作中发生仪器、工具的损坏现象。

工作任务2-5　三、四等水准测量

一、目的与要求

① 熟练掌握三、四等水准测量的操作方法。
② 掌握三、四等水准测量的内业计算。

二、计划与仪器工具

① 实训时数安排为1学时。每一实训小组由4~6人组成。
② 每组实训设备为水准仪1台，双面水准尺1把，自备2H铅笔2支。

三、工作任务与步骤

1. 工作任务

在学校内建立附合水准路线，通过四等水准测量来建立学校的高程控制网。设两个已知水准点A、B和三个待测点1、2、3。

2. 实施步骤

① 确定观测点；
② 用高差法进行外业观测；
③ 内业计算。

四、注意事项

① 安置仪器要稳、防止下沉，防止碰动，安置仪器时尽量使前、后视距相等。
② 观测前必须对仪器进行检验与校正。
③ 观测过程中，手不要扶脚架。在土质松软地区作业时，转点处应该使用尺垫。搬站时要保护好尺垫，不得碰动，避免传递高程产生错误。
④ 要确保读数时气泡严格居中，视线水平。
⑤ 每个测站应记录、计算的内容必须当站完成。测站检核无误后，方可迁站。做到随观测、随记录、随计算、随检核。

三、四等水准测量观测手簿见表2-5-1。

三、四等水准测量

班级：　　　姓名：　　　学号：　　　日期：　　　组长：　　　天气：

表2-5-1　三、四等水准测量观测手簿

测站编号	点号	后尺/m 下丝 上丝		前尺/m 下丝 上丝		方向及尺号	水准尺中丝读数/m		(K+黑-红)/mm	平均高差/m	备注
		后视距/m		前视距/m			黑面	红面			
		视距差/m		累计差/m							
		（1）		（4）		后	（3）	（8）	（14）		
		（2）		（5）		前	（6）	（7）	（13）	（18）	
		（9）		（10）		后-前	（15）	（16）	（17）		
		（11）		（12）							
											K为水准尺常数

任务评价主要从表2-5-2的指标进行评价

表2-5-2 《三、四等水准测量》工作任务评价表

班级：   姓名：   学号：

序号	评价指标	分值/分	评定等级			得分/分
			A(权重1.0)	B(权重0.8)	C(权重0.6)	
1	工作任务计划是否合理	10				
2	仪器操作是否规范	10				
3	测量过程是否符合"后前前后"	10				
4	双面尺是否竖直	10				
5	操作中读数是否规范	10				
6	记录是否符合规范要求	10				
7	测设成果精度是否符合要求	10				
8	小组工作任务是否按时完成	10				
9	小组协作能力及解决问题的能力	10				
10	爱惜仪器、工具的程度	10				
	综合成绩					

评价等级具体要求：

A级：工作任务计划制订合理；测设数据计算完整，无缺项；仪器的操作规范；测量的方法规范；操作中读数正确；记录符合规范要求，无修改涂抹现象；测设成果精度符合要求；工作任务按时完成；小组能互相协作并及时解决工作中的问题；在操作中爱惜仪器、工具，未发生损坏现象。

B级：工作任务计划制订较为合理；测设数据计算完整，小数保留不规范；仪器的操作比较规范，无明显错误；测量的方法基本符合规范要求；操作中读数基本正确；记录符合规范要求，有修改现象；测设成果精度基本符合要求；工作任务按时完成；小组能互相协作并在教师指导下解决问题；在操作中未发生仪器、工具的损坏现象。

C级：工作任务计划制订不太合理，分工不明确；测设数据计算有缺项；对仪器的操作不太熟悉；对测量的方法未按规范执行；操作中读数不符合规范要求；记录不符合规范要求，有涂抹现象；测设成果精度未达规范要求；工作任务未按时完成；小组之间未互相协作；在操作中发生仪器、工具的损坏现象。

课堂
笔记

工作任务2-6　三角高程测量

【任务须知】

一、目的与要求

① 熟练掌握三角高程测量的操作方法。

② 掌握三角高程测量的内业计算。

二、计划与仪器工具

① 实训时数安排为1学时。每一实训小组由4~6人组成。

② 每组实训设备为全站仪1台、水准尺1把，自备2H铅笔2支。

三、工作任务与步骤

1. 工作任务

在学校内选取高程相差较大的三个点A、B和C，通过光电测距来测量B、C点的高程。

2. 实施步骤

① 各小组选择观测点；

② 进行外业观测；

③ 内业计算。

四、注意事项

① 安置仪器要稳、防止下沉，防止碰动，安置仪器时尽量使前、后视距相等。

② 观测前必须对仪器进行检验与校正。

③ 观测过程中，手不要扶脚架。在土质松软地区作业时，转点处应该使用尺垫。搬站时要保护好尺垫，不得碰动，避免传递高程产生错误。

④ 要确保读数时气泡严格居中，视线水平。

⑤ 每个测站应记录、计算的内容必须当站完成。测站检核无误后，方可迁站。做到随观测、随记录、随计算、随检核。

三角高程测量计算见表2-6-1。

三角高程测量

班级：　　　姓名：　　　学号：　　　日期：　　　组长：　　　天气：

表2-6-1　三角高程测量计算

所求点		
起算点		
觇法		
平距 D/m		
垂直角 α		
$D\tan\alpha$/m		
仪器高 i/m		
觇标高 v/m		
高差 h/m		
对向观测的高差较差/m		
高差较差容许值/m		
平均高差/m		
起算点高程/m		
所求点高程/m		

任务评价主要从表2-6-2的指标进行评价。

表2-6-2 《三角高程测量》工作任务评价表

班级： 姓名： 学号：

序号	评价指标	分值/分	评定等级			得分/分
			A(权重1.0)	B(权重0.8)	C(权重0.6)	
1	工作任务计划是否合理	10				
2	仪器操作是否规范	10				
3	高度测量的操作是否规范	10				
4	角度测量的方法是否规范	10				
5	操作中读数是否规范	10				
6	记录是否符合规范要求	10				
7	测设成果精度是否符合要求	10				
8	小组工作任务是否按时完成	10				
9	小组协作能力及解决问题的能力	10				
10	爱惜仪器、工具的程度	10				
	综合成绩					

评价等级具体要求：

A级：工作任务计划制订合理；测设数据计算完整，无缺项；仪器的操作规范；测设的方法规范；操作中读数正确；记录符合规范要求，无修改涂抹现象；测设成果精度符合要求；工作任务按时完成；小组能互相协作并及时解决工作中的问题；在操作中爱惜仪器、工具，未发生损坏现象。

B级：工作任务计划制订较为合理；测设数据计算完整，小数保留不规范；仪器的操作比较规范，无明显错误；测设的方法基本符合规范要求；操作中读数基本正确；记录符合规范要求，有修改现象；测设成果精度基本符合要求；工作任务按时完成；小组能互相协作并在教师指导下解决问题；在操作中未发生仪器、工具的损坏现象。

C级：工作任务计划制订不太合理，分工不明确；测设数据计算有缺项；对仪器的操作不太熟悉；测设的方法未按规范执行；操作中读数不符合规范要求；记录不符合规范要求，有涂抹现象；测设成果精度未达规范要求；工作任务未按时完成；小组之间未互相协作；在操作中发生仪器、工具的损坏现象。

课堂
笔记

工作任务3-1 已知水平距离的测设

一、目的与要求

① 熟练掌握钢尺、测距仪的操作方法。
② 掌握距离测设的一般方法。

二、计划与仪器工具

① 实训时数安排为1学时。每一实训小组由4~6人组成。
② 每组实训设备为钢尺（光电测距仪）1把（台）、测钎2根，自备2H铅笔2支。

三、工作任务与步骤

1. 工作任务

在地面上，从一个已知点 A 出发，沿给定方向，按已知的水平距离5.100m进行量距，在地面上标定出另外一个端点 B。

2. 实施步骤

① 在地面上指定一点，并沿给定的方向，用钢尺直接丈量出已知水平距离，定出这段距离的另一端点。
② 按上述方法再丈量一次。
③ 计算误差。

四、注意事项

① 仪器安放到三脚架头上，最后必须旋紧连接螺旋，使连接牢固。
② 装卸电池时必须关闭电源开关。
③ 观测前应先进行有关初始设置。
④ 搬站时应先关机。

已知水平距离的测设

班级：　　　　姓名：　　　　学号：　　　　日期：　　　　组长：　　　　天气：

1. 测设过程描述

2. 测量记录（表3-1-1）

表3-1-1　测量记录表

线段	第1次观测/m			第2次观测/m			误差值/mm	相对精度	平均值/m
	起始读数	终点读数	总长	起始读数	终点读数	总长			

任务评价主要从表3-1-2的指标进行评价。

表3-1-2 《已知水平距离的测设》工作任务评价表

班级：　　　　　　　　姓名：　　　　　　　　学号：

序号	评价指标	分值/分	评定等级			得分/分
			A(权重1.0)	B(权重0.8)	C(权重0.6)	
1	工作任务计划是否合理	10				
2	测设数据计算是否完整	10				
3	钢尺的操作是否规范	10				
4	距离测设的方法是否规范	10				
5	操作中读数是否规范	10				
6	记录是否符合规范要求	10				
7	测设成果精度是否符合要求	10				
8	小组工作任务是否按时完成	10				
9	小组协作能力及解决问题的能力	10				
10	爱惜仪器、工具的程度	10				
	综合成绩					

评价等级具体要求：

A级：工作任务计划制订合理；测设数据计算完整，无缺项；仪器的操作规范；测设的方法规范；操作中读数正确；记录符合规范要求，无修改涂抹现象；测设成果精度符合要求；工作任务按时完成；小组能互相协作并及时解决工作中的问题；在操作中爱惜仪器、工具，未发生损坏现象。

B级：工作任务计划制订较为合理；测设数据计算完整，小数保留不规范；仪器的操作比较规范，无明显错误；测设的方法基本符合规范要求；操作中读数基本正确；记录符合规范要求，有修改现象；测设成果精度基本符合要求；工作任务按时完成；小组能互相协作并在教师指导下解决问题；在操作中未发生仪器、工具的损坏现象。

C级：工作任务计划制订不太合理，分工不明确；测设数据计算有缺项；对仪器的操作不太熟悉；测设的方法未按规范执行；操作中读数不符合规范要求；记录不符合规范要求，有涂抹现象；测设成果精度超出规范要求；工作任务未按时完成；小组之间未互相协作；在操作中发生仪器、工具的损坏现象。

课堂
笔记

工作任务3-2　已知水平角的测设

一、目的与要求

① 熟练掌握经纬仪（全站仪）的操作方法。
② 掌握角度测设的基本方法。

二、计划与仪器工具

① 实训时数安排为1学时。每一实训小组由4~6人组成。
② 每组实训设备为激光经纬仪（全站仪）1台，自备2H铅笔2支。

三、工作任务与步骤

1. 工作任务

已知∠AOB=90°，AO=3m，OB=2m，在地面上任意选定两点A、O，使AO=3m。将B点在地面上测设出来，使OB=2m。

2. 实施步骤

① 先用一般方法测设出B'点。
② 用测回法对∠AOB'观测若干个测回（测回数根据要求的精度而定），求出各测回平均值β_1，并计算出$\Delta\beta = \beta - \beta_1$。
③ 量取OB'的水平距离。
④ 计算改正距离：

$$BB' = OB'\tan\Delta\beta \approx OB' \times \frac{\Delta\beta}{\rho}$$

式中，$\rho = 206265''$。

⑤ 自B'点沿OB'的垂直方向量出距离BB'，定出B点，则∠AOB就是要测设的角度。

量取改正距离时，如$\Delta\beta$为正，则沿OB'的垂直方向向外量取；如$\Delta\beta$为负，则沿OB'的垂直方向向内量取。

四、注意事项

① 仪器安放到三脚架头上，最后必须旋紧连接螺旋，使连接牢固。
② 装卸电池时必须关闭电源开关。
③ 搬站时应先关机。

已知水平角的测设

班级：　　　姓名：　　　学号：　　　日期：　　　组长：　　　天气：

1. 测设过程描述

2. 角度测量记录（表3-2-1）

表3-2-1　角度测量记录表

测站	竖盘位置 /(° ′ ″)	目标	水平度盘读数/(° ′ ″)	备注

角度调整：$\Delta\beta = \beta - \beta_1$。

距离调整计算：

任务评价主要从表3-2-2的指标进行评价。

表3-2-2 《已知水平角的测设》工作任务评价表

班级: 姓名: 学号:

序号	评价指标	分值/分	评定等级			得分/分
			A(权重1.0)	B(权重0.8)	C(权重0.6)	
1	工作任务计划是否合理	10				
2	测设数据计算是否完整	10				
3	经纬仪的操作是否规范	10				
4	角度测设的方法是否规范	10				
5	操作中读数是否规范	10				
6	记录是否符合规范要求	10				
7	测设成果精度是否符合要求	10				
8	小组工作任务是否按时完成	10				
9	小组协作能力及解决问题的能力	10				
10	爱惜仪器、工具的程度	10				
	综合成绩					

评价等级具体要求:

A级:工作任务计划制订合理;测设数据计算完整,无缺项;仪器的操作规范;测设的方法规范;操作中读数正确;记录符合规范要求,无修改涂抹现象;测设成果精度符合要求;工作任务按时完成;小组能互相协作并及时解决工作中的问题;在操作中爱惜仪器、工具,未发生损坏现象。

B级:工作任务计划制订较为合理;测设数据计算完整,小数保留不规范;仪器的操作比较规范,无明显错误;测设的方法基本符合规范要求;操作中读数基本正确;记录符合规范要求,有修改现象;测设成果精度基本符合要求;工作任务按时完成;小组能互相协作并在教师指导下解决问题;在操作中未发生仪器、工具的损坏现象。

C级:工作任务计划制订不太合理,分工不明确;测设数据计算有缺项;对仪器的操作不太熟悉;测设的方法未按规范执行;操作中读数不符合规范要求;记录不符合规范要求,有涂抹现象;测设成果精度未达到规范要求;工作任务未按时完成;小组之间未互相协作;在操作中发生仪器、工具的损坏现象。

课堂
笔记

工作任务 3-3　已知高程的测设

一、目的与要求

① 熟练掌握水准仪（自动安平水准仪）的操作方法。

② 掌握高程测设的基本方法。

二、计划与仪器工具

① 实训时数安排为 1 学时。每一实训小组由 4~6 人组成。

② 每组实训设备为水准仪（自动安平水准仪）1 台，自备 2H 铅笔 2 支。

三、工作任务与步骤

1. 工作任务

已知水准点 BM_3 的高程为 $H_3=72.265m$，某建筑物室内地坪高程为 $H_0=72.642m$，在地面上任意选定一点钉上木桩 A，将室内地坪高程在木桩上标定出来。

2. 实施步骤

某建筑物的室内地坪设计高程 H_0 为 72.642m，附近有一水准点 BM_3，其高程为 $H_3=72.265m$。现在要求把该建筑物的室内地坪高程测设到木桩 A 上，作为施工时控制高程的依据。测设方法如下：

① 在水准点 BM_3 和木桩 A 之间安置水准仪，在 BM_3 立水准尺，用水准仪的水平视线测得后视读数为 a，此时视线高程为：$72.265+a$（m）。

② 计算 A 点水准尺尺底为室内地坪高程时的前视读数：

$$b=72.265+a-72.642（m）$$

③ 上下移动竖立在木桩 A 侧面的水准尺，直至水准仪的水平视线在尺上截取的读数为 b 时，紧靠尺底在木桩 A 上画一水平线，其高程即为 72.642m。

四、注意事项

① 仪器安放到三脚架头上，最后必须旋紧连接螺旋，使连接牢固。

② 当用水准仪瞄准、读数时，水准尺必须立直。对于尺子的左右倾斜，观测者在望远镜中根据纵丝可以发觉，而尺子的前后倾斜则不易发觉，立尺者应注意。

③ 从水准尺上读数必须读 4 位数，单位为 m 或 mm。

已知高程的测设

班级：　　　　姓名：　　　　学号：　　　　日期：　　　　组长：　　　　天气：

1. 测设过程描述

2. 高程测量记录（表3-3-1）

表3-3-1　高程测量记录表

测段编号	测点	后视读数/m	前视读数/m	高差/m	平均高差/m	观测者	记录者
1	2	3	4	5	6	7	8

任务评价主要从表3-3-2的指标进行评价。

表3-3-2 《已知高程的测设》工作任务评价表

班级： 姓名： 学号：

序号	评价指标	分值/分	评定等级			得分/分
			A(权重1.0)	B(权重0.8)	C(权重0.6)	
1	工作任务计划是否合理	10				
2	测设数据计算是否完整	10				
3	水准仪的操作是否规范	10				
4	高程测设的方法是否规范	10				
5	操作中读数是否规范	10				
6	记录是否符合规范要求	10				
7	测设成果精度是否符合要求	10				
8	小组工作任务是否按时完成	10				
9	小组协作能力及解决问题的能力	10				
10	爱惜仪器、工具的程度	10				
	综合成绩					

评价等级具体要求：

A级：工作任务计划制订合理；测设数据计算完整，无缺项；仪器的操作规范；测设的方法规范；操作中读数正确；记录符合规范要求，无修改涂抹现象；测设成果精度符合要求；工作任务按时完成；小组能互相协作并及时解决工作中的问题；在操作中爱惜仪器、工具，未发生损坏现象。

B级：工作任务计划制订较为合理；测设数据计算完整，小数保留不规范；仪器的操作比较规范，无明显错误；测设的方法基本符合规范要求；操作中读数基本正确；记录符合规范要求，有修改现象；测设成果精度基本符合要求；工作任务按时完成；小组能互相协作并在教师指导下解决问题；在操作中未发生仪器、工具的损坏现象。

C级：工作任务计划制订不太合理，分工不明确；测设数据计算有缺项；对仪器的操作不太熟悉；测设的方法未按规范执行；操作中读数不符合规范要求；记录不符合规范要求，有涂抹现象；测设成果精度未达到规范要求；工作任务未按时完成；小组之间未互相协作；在操作中发生仪器、工具的损坏现象。

工作任务3-4 点的平面位置测设

一、目的与要求

① 掌握已知水平角和水平距离的测设方法；
② 掌握用极坐标法测设点的平面位置的方法。

二、计划与仪器工具

① 实训时数安排为1学时。每一实训小组由4~6人组成。
② 电子经纬仪（全站仪）1台，30m钢尺1把，40mm×40mm×300mm木桩4~5根，锤子1把，花杆1根，测钎2~3根，小钢卷尺1把，记录板1块，铅笔1支。

三、工作任务与步骤

1. 工作任务

已知控制点坐标$A(1，2)$、$B(2，1)$，建筑物四个大角坐标为$P(3，3)$、$Q(4，3)$、$R(4，5)$、$S(3，5)$，用极坐标法将建筑物四个大角点测设到地面上。

2. 实施步骤

设$A(x_A，y_A)$、$B(x_B，y_B)$为两已知控制点，$P(x_P，y_P)$、$Q(x_Q，y_Q)$为待测设的点，计算P、Q、R、S四个大角点的测设数据。

① 将经纬仪安置在B点，对中整平，盘左位置精确瞄准A点，转动度盘，将水平度盘读数置为0°附近，精确读取A目标的水平度盘读数β_0。

② β为AB与BP的夹角，顺时针转动照准部使读数为$\beta+\beta_0$，在视线方向长度约S_{BP}处定出P'点，用测钎作以标记。

③ 倒镜标出$\beta+\beta_0\pm180°$方向，在视线方向定出P''点，用测钎作以标记。

④ 取$P'P''$中点即为所求点P_1，BP_1即为所要测设的方向。

⑤ 沿测设的方向BP_1展开钢尺，后尺手将钢尺零刻划对准B点，前尺手将钢尺沿既定方向拉紧，将测钎对准待测设的长度S_{BP}所对应的刻划处插入地面，打入木桩作以标志。

⑥ 精确丈量测站与木桩顶面之间距离，在距离为S_{BP}处的木桩顶面作十字标记，此即为所测设的P点。

⑦ 同法测设出Q、R、S点。

⑧ 检核：用钢尺丈量出地面上任意两点间的距离，与标准值比较，相对精度小于1/3000，则合格。否则应重新测设。

四、注意事项

① 仪器安放到三脚架头上，最后必须旋紧连接螺旋，使连接牢固。

② 装卸电池时必须关闭电源开关。

③ 观测前应先进行有关初始设置。

④ 搬站时应先关机。

⑤ 测设点位的方法有多种，可根据实际选用其他方法完成测设工作。

点的平面位置测设

班级：　　　姓名：　　　学号：　　　日期：　　　组长：　　　天气：

1. 测设数据的计算

2. 点的测设步骤

3. 测设示意图

4. 问答题
测设点的平面位置有哪些方法？各有什么优缺点？适用于什么情况？

任务评价主要从表3-4-1的指标进行评价。

表3-4-1　《点的平面位置测设》工作任务评价表

班级：　　　　　　　　　　姓名：　　　　　　　　　　学号：

序号	评价指标	分值/分	评定等级			得分/分
			A(权重1.0)	B(权重0.8)	C(权重0.6)	
1	工作任务计划是否合理	10				
2	测设数据计算是否完整	10				
3	经纬仪的操作是否规范	10				
4	角度测设的方法是否规范	10				
5	操作中读数是否规范	10				
6	记录是否符合规范要求	10				
7	测设成果精度是否符合要求	10				
8	小组工作任务是否按时完成	10				
9	小组协作能力及解决问题的能力	10				
10	爱惜仪器、工具的程度	10				
	综合成绩					

评价等级具体要求：

A级：工作任务计划制订合理；测设数据计算完整，无缺项；仪器的操作规范；测设的方法规范；操作中读数正确；记录符合规范要求，无修改涂抹现象；测设成果精度符合要求；工作任务按时完成；小组能互相协作并及时解决工作中的问题；在操作中爱惜仪器、工具，未发生损坏现象。

B级：工作任务计划制订较为合理；测设数据计算完整，小数保留不规范；仪器的操作比较规范，无明显错误；测设的方法基本符合规范要求；操作中读数基本正确；记录符合规范要求，有修改现象；测设成果精度基本符合要求；工作任务按时完成；小组能互相协作并在教师指导下解决问题；在操作中未发生仪器、工具的损坏现象。

C级：工作任务计划制订不太合理，分工不明确；测设数据计算有缺项；对仪器的操作不太熟悉；测设的方法未按规范执行；操作中读数不符合规范要求；记录不符合规范要求，有涂抹现象；测设成果精度未达到规范要求；工作任务未按时完成；小组之间未互相协作；在操作中发生仪器、工具的损坏现象。

工作任务 4-1　建筑基线的测设

●●【任务须知】

一、目的与要求

① 熟练掌握建筑基线的测设方法；
② 掌握建筑基线的调整方法。

二、计划与仪器工具

① 实训时数安排为1学时。每一实训小组由4~6人组成。
② 经纬仪1台，盒尺1把，记录板1块，铅笔1支。

三、工作任务与步骤

1. 工作任务

已有控制点坐标：A点（1，2）、B点（1，3）；建筑基线点坐标：1点（2，2）、2点（3，3）、3点（4，4）。根据A、B两点在地面上测设出1、2、3点。

2. 实施步骤

① 计算测设数据，然后在地面上任意建立一个直角坐标系；
② 根据直角坐标法，在直角坐标系中找到A、B两点；
③ 根据A、B两点，用极坐标法在地面上找到1、2、3点；
④ 测量∠123，根据$\Delta\beta$（为∠123−180°）大小计算需调整的距离δ（为 $\dfrac{ab}{a+b} \times \dfrac{\Delta\beta}{2\rho}$）；
⑤ 在地面上进行调整，将1、2、3点调成一条直线。

四、注意事项

① 计算测设数据，结果要保留到三位小数。
② 在地面上定点的时候一定要用铅笔打十字交叉，而不能用粉笔。
③ 在观测中要随时注意经纬仪的管水准器的气泡，气泡一定要居中。
④ 装卸电池时必须关闭电源开关。
⑤ 观测前应先进行有关初始设置。
⑥ 搬站时应先关机。

建筑基线的测设

班级： 姓名： 学号： 日期： 组长： 天气：

已知条件：

已有控制点坐标：A 点（1，2）、B 点（1，3）；

建筑基线点坐标：1 点（2，2）、2 点（3，3）、3 点（4，4）。

1. 测设数据的计算

2. 测设过程及调整（示意图）

3. 测设结果

测量角度偏差：$\angle 123=$ 　　　　　　　　　$\Delta \beta = \angle 123 - 180° =$

测量距离：$D_{12}=$ 　　　　　　　　　$D_{23}=$

$\delta=$

任务评价主要从表4-1-1的指标进行评价。

表4-1-1 《建筑基线的测设》工作任务评价表

班级：　　　　　　　　　　　　姓名：　　　　　　　　　　　　学号：

序号	评价指标	分值/分	评定等级			得分/分
			A(权重1.0)	B(权重0.8)	C(权重0.6)	
1	工作任务计划是否合理	10				
2	测设数据计算是否完整	10				
3	仪器的操作是否规范	10				
4	测设的方法是否规范	10				
5	操作中读数是否规范	10				
6	记录是否符合规范要求	10				
7	测设成果精度是否符合要求	10				
8	小组工作任务是否按时完成	10				
9	小组协作能力及解决问题的能力	10				
10	爱惜仪器、工具的程度	10				
	综合成绩					

评价等级具体要求：

A级：工作任务计划制订合理；测设数据计算完整，无缺项；仪器的操作规范；测设的方法规范；操作中读数正确；记录符合规范要求，无修改涂抹现象；测设成果精度符合要求；工作任务按时完成；小组能互相协作并及时解决工作中的问题；在操作中爱惜仪器、工具，未发生损坏现象。

B级：工作任务计划制订较为合理；测设数据计算完整，小数保留不规范；仪器的操作比较规范，无明显错误；测设的方法基本符合规范要求；操作中读数基本正确；记录符合规范要求，有修改现象；测设成果精度基本符合要求；工作任务按时完成；小组能互相协作并在教师指导下解决问题；在操作中未发生仪器、工具的损坏现象。

C级：工作任务计划制订不太合理，分工不明确；测设数据计算有缺项；对仪器的操作不太熟悉；测设的方法未按规范执行；操作中读数不符合规范要求；记录不符合规范要求，有涂抹现象；测设成果精度未达规范要求；工作任务未按时完成；小组之间未互相协作；在操作中发生仪器、工具的损坏现象。

课堂
笔记

工作任务4-2　建筑物的定位与放线

一、目的与要求

掌握轴线控制桩的测设方法。

二、计划与仪器工具

① 实训时数安排为1学时。每一实训小组由4~6人组成。
② 经纬仪1台，盒尺1把，记录板1块，铅笔1支，木桩8个，小钉子若干。

三、工作任务与步骤

1. 工作任务

如图4-2-1所示，将经纬仪安置在角桩上，瞄准另一角桩，沿视线方向用钢尺向基槽外侧量取2m，打入木桩，用小钉在桩顶准确标志出轴线位置，并用混凝土包裹木桩。

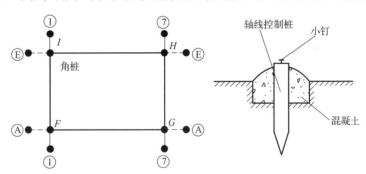

图4-2-1　工作任务示意图

2. 实施步骤

① 选择场地，进行布桩；
② 确定基线；
③ 根据基线，进行桩位测设；
④ 定桩。

四、注意事项

① 量取数据时保留到三位小数。
② 在地面上定四个角桩的时候一定要用铅笔打十字交叉，而不能用粉笔。

③ 在观测中要随时注意经纬仪的管水准器的气泡，气泡一定要居中。

④ 装卸电池时必须关闭电源开关。

⑤ 观测前应先进行有关初始设置。

⑥ 搬站时应先关机。

建筑物的定位与放线

班级：　　　姓名：　　　学号：　　　日期：　　　组长：　　　天气：

　　用直角坐标法在地面上定出一个边长为1m的正方形，只需要在地面上标定出正方形的四个角点即可。用经纬仪在地面上测设出四个角点的轴线控制桩。

1. 测设过程示意图

2. 测设精度（表4-2-1）

表4-2-1　轴线控制桩测设精度检查表

类别	角桩1	角桩2	角桩3	角桩4
横向距离/mm				
纵向距离/mm				
角度/(")				

任务评价主要从表4-2-2的指标进行评价。

表4-2-2 《建筑物的定位与放线》工作任务评价表

班级： 姓名： 学号：

序号	评价指标	分值/分	评定等级			得分/分
			A(权重1.0)	B(权重0.8)	C(权重0.6)	
1	工作任务计划是否合理	10				
2	测设数据计算是否完整	10				
3	仪器的操作是否规范	10				
4	测设的方法是否规范	10				
5	操作中读数是否规范	10				
6	记录是否符合规范要求	10				
7	测设成果精度是否符合要求	10				
8	小组工作任务是否按时完成	10				
9	小组协作能力及解决问题的能力	10				
10	爱惜仪器、工具的程度	10				
	综合成绩					

评价等级具体要求：

A级：工作任务计划制订合理；测设数据计算完整，无缺项；仪器的操作规范；测设的方法规范；操作中读数正确；记录符合规范要求，无修改涂抹现象；测设成果精度符合要求；工作任务按时完成；小组能互相协作并及时解决工作中的问题；在操作中爱惜仪器、工具，未发生损坏现象。

B级：工作任务计划制订较为合理；测设数据计算完整，小数保留不规范；仪器的操作比较规范，无明显错误；测设的方法基本符合规范要求；操作中读数基本正确；记录符合规范要求，有修改现象；测设成果精度基本符合要求；工作任务按时完成；小组能互相协作并在教师指导下解决问题；在操作中未发生仪器、工具的损坏现象。

C级：工作任务计划制订不太合理，分工不明确；测设数据计算有缺项；对仪器的操作不太熟悉；测设的方法未按规范执行；操作中读数不符合规范要求；记录不符合规范要求，有涂抹现象；测设成果精度未达规范要求；工作任务未按时完成；小组之间未互相协作；在操作中发生仪器、工具的损坏现象。

工作任务4-3　民用建筑物的施工测量

一、目的与要求

掌握建筑物轴线放样的测设方法。

二、计划与仪器工具

① 实训时数安排为1学时。每一实训小组由4~6人组成。
② 经纬仪1台，盒尺1把，记录板1块，铅笔1支，木桩8个，墨线1个，小钉子若干。

三、工作任务与步骤

1. 工作任务

将图4-3-1平面图在地面进行放样。注意要将图纸中所有轴线、外墙线、柱线、窗线、门口线用墨斗准确地弹在地面上，所弹墨线准确清晰。

2. 实施步骤

① 计算平面尺寸；
② 选择场地，确定基线；
③ 确定角点，弹边轴线；
④ 弹轴线。

四、注意事项

① 角度测设时一定要注意用盘左盘右取中。
② 外围轴线要闭合交圈，以保证准确度。
③ 量距要将钢尺拉紧拉直，不要卷曲。
④ 在弹墨线时，要将墨线拉紧，垂直弹下。

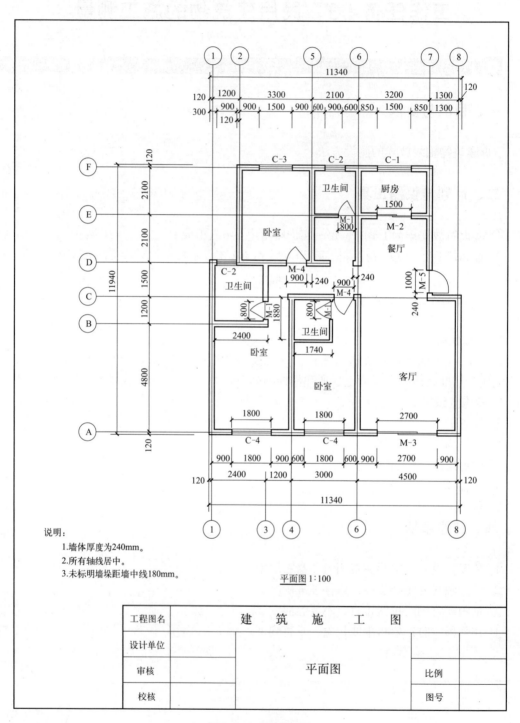

说明:
1.墙体厚度为240mm。
2.所有轴线居中。
3.未标明墙垛距墙中线180mm。

平面图 1:100

工程图名	建 筑 施 工 图			
设计单位				
审核		平面图	比例	
校核			图号	

图4-3-1 建筑施工图

民用建筑物的施工测量

班级：　　　姓名：　　　学号：　　　日期：　　　组长：　　　天气：

1. 建筑物轴线放样任务分工

2. 测量精度（表4-3-1）

表4-3-1　平面图测量精度检查表

测量精度	轴线长/mm	轴线　　　～	轴线　　　～	钢尺检查2条轴线
	对角线长/mm	对角线　　　～	对角线　　　～	钢尺检查2条对角线
	轴线角度/(″)	角度　　　～	角度　　　～	经纬仪抽查2个轴线角度

任务评价主要从表4-3-2的指标进行评价。

表4-3-2 《民用建筑物的施工测量》工作任务评价表

班级：　　　　　　　　　姓名：　　　　　　　　　学号：

序号	评价指标	分值/分	评定等级			得分/分
			A(权重1.0)	B(权重0.8)	C(权重0.6)	
1	工作任务计划是否合理	10				
2	测设数据计算是否完整	10				
3	仪器的操作是否规范	10				
4	测设的方法是否规范	10				
5	操作中读数是否规范	10				
6	记录是否符合规范要求	10				
7	测设成果精度是否符合要求	10				
8	小组工作任务是否按时完成	10				
9	小组协作能力及解决问题的能力	10				
10	爱惜仪器、工具的程度	10				
	综合成绩					

评价等级具体要求：

A级：工作任务计划制订合理；测设数据计算完整，无缺项；仪器的操作规范；测设的方法规范；操作中读数正确；记录符合规范要求，无修改涂抹现象；测设成果精度符合要求；工作任务按时完成；小组能互相协作并及时解决工作中的问题；在操作中爱惜仪器、工具，未发生损坏现象。

B级：工作任务计划制订较为合理；测设数据计算完整，小数保留不规范；仪器的操作比较规范，无明显错误；测设的方法基本符合规范要求；操作中读数基本正确；记录符合规范要求，有修改现象；测设成果精度基本符合要求；工作任务按时完成；小组能互相协作并在教师指导下解决问题；在操作中未发生仪器、工具的损坏现象。

C级：工作任务计划制订不太合理，分工不明确；测设数据计算有缺项；对仪器的操作不太熟悉；测设的方法未按规范执行；操作中读数不符合规范要求；记录不符合规范要求，有涂抹现象；测设成果精度未达规范要求；工作任务未按时完成；小组之间未互相协作；在操作中发生仪器、工具的损坏现象。

工作任务4-4　高层建筑物的施工测量

⬤【任务须知】

一、目的与要求

① 熟悉高层建筑施工测量平面控制及高程控制方法。
② 熟悉高层建筑物轴线投测的测设方法。
③ 熟悉高层建筑的工程测量技术要求。

二、计划

实训时数安排为1学时。每一实训小组由4~6人组成。

三、工作任务与步骤

1.工作任务
根据教学安排，编制某高层建筑的施工测量方案。

2.实施步骤
控制测量实测要点，垂准仪内控法投测轴线，高程传递，提交资料。

四、注意事项

① 测量方案内容不能缺项。
② 可以编制电子版，然后进行打印。

高层建筑物的施工测量

班级：　　　　姓名：　　　　学号：　　　　日期：　　　　组长：　　　　天气：

高层建筑的施工测量方案：

任务评价主要从表4-4-1的指标进行评价。

表4-4-1 《高层建筑物的施工测量》工作任务评价表

班级： 姓名： 学号：

序号	评价指标	分值/分	评定等级			得分/分
			A(权重1.0)	B(权重0.8)	C(权重0.6)	
1	测量方案编制内容是否缺项	20				
2	控制测量实测要点	20				
3	垂准仪内控法投测轴线	20				
4	高程传递	20				
5	提交资料是否完整	20				
	综合成绩					

评价等级具体要求：

A级：测量方案编制合理；内容完整，无缺项；控制测量实测要点中应包含平面控制与高程控制；内控法轴线投测方案合理并能实施，精度符合要求；高程传递方案制定合理并能实施，精度符合要求；提交资料完整；工作任务按时完成；小组能互相协作并及时解决工作中的问题。

B级：测量方案编制合理；内容完整，无缺项；控制测量实测要点中缺项；内控法轴线投测方案合理并能实施，未说明精度要求；高程传递方案制定合理并能实施，未说明精度要求；提交资料完整；工作任务按时完成；小组能互相协作并及时解决工作中的问题。

C级：测量方案编制比较简单；内容基本完整，无缺项；控制测量实测要点中缺项；内控法轴线投测方案合理并能实施，未说明精度要求；高程传递方案制定合理并能实施，未说明精度要求；提交资料不完整，缺项；工作任务基本按时完成。

课堂
笔记

工作任务4-5　厂房控制网的测设

一、目的与要求

熟悉单层工业厂房的控制网的施工放样。

二、计划与仪器工具

① 实训时数安排为1学时。每一实训小组由4~6人组成。
② 经纬仪1台，盒尺1把，记录板1块，铅笔1支，木桩8个，小钉子若干。

三、工作任务与步骤

1. 工作任务

测设某单层工业厂房的控制网。按照图4-5-1的建筑方格网，选择实训场地，将P、Q、R、S四个点在地面上测设出来。

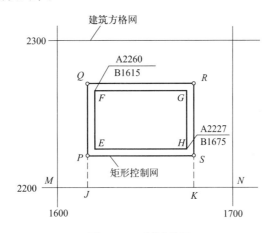

图4-5-1　建筑方格网

2. 实施步骤

① 确定场地；
② 根据建筑方格网，选择P、Q、R、S四个点。

四、注意事项

① 进入工地必须戴安全帽。
② 在地面上定四个控制点的时候一定要用铅笔打十字交叉，而不能用粉笔。

③ 在观测中要随时注意经纬仪的管水准器的气泡，气泡一定要居中。

④ 装卸电池时必须关闭电源开关。

⑤ 搬站时应先关机。

厂房控制网的测设

班级：　　　　姓名：　　　　学号：　　　　日期：　　　　组长：　　　　天气：

1. 测设过程示意图

2. 测设精度（表4-5-1）

表4-5-1　厂房控制网角柱测设精度检查表

类别	角柱1	角柱2	角柱3	角柱4
横向距离/mm				
纵向距离/mm				
角度/(″)				

任务评价主要从表4-5-2的指标进行评价。

表4-5-2 《厂房控制网的测设》工作任务评价表

班级：　　　　　　　　姓名：　　　　　　　　学号：

序号	评价指标	分值/分	评定等级			得分/分
			A(权重1.0)	B(权重0.8)	C(权重0.6)	
1	工作任务计划是否合理	10				
2	测设数据计算是否完整	10				
3	仪器的操作是否规范	10				
4	测设的方法是否规范	10				
5	操作中读数是否规范	10				
6	记录是否符合规范要求	10				
7	测设成果精度是否符合要求	10				
8	小组工作任务是否按时完成	10				
9	小组协作能力及解决问题的能力	10				
10	爱惜仪器、工具的程度	10				
	综合成绩					

评价等级具体要求：

A级：工作任务计划制订合理；测设数据计算完整，无缺项；仪器的操作规范；测设的方法规范；操作中读数正确；记录符合规范要求，无修改涂抹现象；测设成果精度符合要求；工作任务按时完成；小组能互相协作并及时解决工作中的问题；在操作中爱惜仪器、工具，未发生损坏现象。

B级：工作任务计划制订较为合理；测设数据计算完整，小数保留不规范；仪器的操作比较规范，无明显错误；测设的方法基本符合规范要求；操作中读数基本正确；记录符合规范要求，有修改现象；测设成果精度基本符合要求；工作任务按时完成；小组能互相协作并在教师指导下解决问题；在操作中未发生仪器、工具的损坏现象。

C级：工作任务计划制订不太合理，分工不明确；测设数据计算有缺项；对仪器的操作不太熟悉；测设的方法未按规范执行；操作中读数不符合规范要求；记录不符合规范要求，有涂抹现象；测设成果精度未达规范要求；工作任务未按时完成；小组之间未互相协作；在操作中发生仪器、工具的损坏现象。

工作任务4-6　厂房柱基的测设

●●【任务须知】

一、目的与要求

熟悉单层工业厂房的厂房柱基的施工放样。

二、计划与仪器工具

① 实训时数安排为1学时。每一实训小组由4~6人组成。
② 经纬仪1台，盒尺1把，记录板1块，铅笔1支，木桩8个，小钉子若干。

三、工作任务与步骤

1. 工作任务

测设某单层工业厂房的柱基。按照图4-6-1的建筑方格网，选择实训场地，将柱基在地面上测设出来。

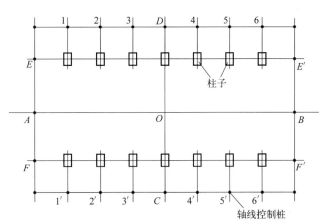

图4-6-1　测设柱列轴线控制桩

2. 实施步骤
① 确定定位轴线；
② 确定基坑边线。

四、注意事项

① 进入工地必须戴安全帽。

② 在地面上定点的时候一定要用铅笔打十字交叉，而不能用粉笔。

③ 在观测中要随时注意经纬仪的管水准器的气泡，气泡一定要居中。

④ 装卸电池时必须关闭电源开关。

⑤ 搬站时应先关机。

厂房柱基的测设

班级：　　姓名：　　学号：　　日期：　　组长：　　天气：

1. 测设过程示意图

2. 测设精度（表4-6-1）

表4-6-1　厂房柱基的测设精度检查表

类别	柱基1	柱基2	柱基3	柱基4
横向距离/mm				
纵向距离/mm				
角度/(″)				

任务评价主要从表4-6-2的指标进行评价。

表4-6-2 《厂房柱基的测设》工作任务评价表

班级：　　　　　　　　　　姓名：　　　　　　　　　　学号：

序号	评价指标	分值/分	评定等级			得分/分
			A（权重1.0）	B（权重0.8）	C（权重0.6）	
1	工作任务计划是否合理	10				
2	测设数据计算是否完整	10				
3	仪器的操作是否规范	10				
4	测设的方法是否规范	10				
5	操作中读数是否规范	10				
6	记录是否符合规范要求	10				
7	测设成果精度是否符合要求	10				
8	小组工作任务是否按时完成	10				
9	小组协作能力及解决问题的能力	10				
10	爱惜仪器、工具的程度	10				
	综合成绩					

评价等级具体要求：

A级：工作任务计划制订合理；测设数据计算完整，无缺项；仪器的操作规范；测设的方法规范；操作中读数正确；记录符合规范要求，无修改涂抹现象；测设成果精度符合要求；工作任务按时完成；小组能互相协作并及时解决工作中的问题；在操作中爱惜仪器、工具，未发生损坏现象。

B级：工作任务计划制订较为合理；测设数据计算完整，小数保留不规范；仪器的操作比较规范，无明显错误；测设的方法基本符合规范要求；操作中读数基本正确；记录符合规范要求，有修改现象；测设成果精度基本符合要求；工作任务按时完成；小组能互相协作并在教师指导下解决问题；在操作中未发生仪器、工具的损坏现象。

C级：工作任务计划制订不太合理，分工不明确；测设数据计算有缺项；对仪器的操作不太熟悉；测设的方法未按规范执行；操作中读数不符合规范要求；记录不符合规范要求，有涂抹现象；测设成果精度未达规范要求；工作任务未按时完成；小组之间未互相协作；在操作中发生仪器、工具的损坏现象。

工作任务 4-7　厂房构件的安装测量

【任务须知】

一、目的与要求

掌握主要构件如柱子、吊车梁、屋架的吊装施工测量与校核。

二、计划与仪器工具

① 实训时数安排为1学时。每一实训小组由4~6人组成。
② 经纬仪1台，水准仪1台，盒尺1把，记录板1块，铅笔1支，小钉子若干。

三、工作任务与步骤

1. 工作任务
选择某单层工业厂房，测量柱子的垂直偏差。
2. 实施步骤
① 确定基线，观测柱底尺寸；
② 观测柱顶尺寸；
③ 计算偏差。

四、注意事项

① 进入工地必须戴安全帽。
② 在观测中要随时注意经纬仪的管水准器的气泡，气泡一定要居中。
③ 搬站时应先关机。

厂房构件的安装测量

班级：　　　姓名：　　　学号：　　　日期：　　　组长：　　　天气：

1. 测量过程的示意图

2. 测设精度（表4-7-1）

表4-7-1　钢柱的测设精度检查表

类别	柱子1	柱子2	柱子3	柱子4
钢柱的垂直度				
钢柱的间距/mm				
钢柱的标高/mm				

【任务评价】

任务评价主要从表4-7-2的指标进行评价。

表4-7-2 《厂房构件的安装测量》工作任务评价表

班级： 姓名： 学号：

序号	评价指标	分值/分	评定等级			得分/分
			A(权重1.0)	B(权重0.8)	C(权重0.6)	
1	工作任务计划是否合理	10				
2	测设数据计算是否完整	10				
3	仪器的操作是否规范	10				
4	测设的方法是否规范	10				
5	操作中读数是否规范	10				
6	记录是否符合规范要求	10				
7	测设成果精度是否符合要求	10				
8	小组工作任务是否按时完成	10				
9	小组协作能力及解决问题的能力	10				
10	爱惜仪器、工具的程度	10				
	综合成绩					

评价等级具体要求：

A级：工作任务计划制订合理；测设数据计算完整，无缺项；仪器的操作规范；测设的方法规范；操作中读数正确；记录符合规范要求，无修改涂抹现象；测设成果精度符合要求；工作任务按时完成；小组能互相协作并及时解决工作中的问题；在操作中爱惜仪器、工具，未发生损坏现象。

B级：工作任务计划制订较为合理；测设数据计算完整，小数保留不规范；仪器的操作比较规范，无明显错误；测设的方法基本符合规范要求；操作中读数基本正确；记录符合规范要求，有修改现象；测设成果精度基本符合要求；工作任务按时完成；小组能互相协作并在教师指导下解决问题；在操作中未发生仪器、工具的损坏现象。

C级：工作任务计划制订不太合理，分工不明确；测设数据计算有缺项；对仪器的操作不太熟悉；测设的方法未按规范执行；操作中读数不符合规范要求；记录不符合规范要求，有涂抹现象；测设成果精度未达规范要求；工作任务未按时完成；小组之间未互相协作；在操作中发生仪器、工具的损坏现象。

工作任务4-8　曲线型建筑物施工测量

一、目的与要求

① 了解曲线型建筑的基本知识；
② 掌握曲线型建筑物的测设方法。

二、计划与仪器工具

① 实训时数安排为1学时。每一实训小组由4~6人组成。
② 经纬仪1台，盒尺1把，记录板1块，铅笔1支，木桩8个，小钉子若干。

三、工作任务与步骤

1.工作任务

设计椭圆 $\dfrac{x^2}{a^2} + \dfrac{y^2}{b^2} = 1$，其中 $a=3$，$b=2$。将椭圆在地面上进行放样。

2.实施步骤

① 计算测设数据；
② 在地面上任意选择相互垂直的两条直线作为两个坐标轴，用经纬仪将分弧上的点依次测设出来。

四、注意事项

① 认真检核放线施工图，它是整个放线的依据。
② 放样数据检核无误后方可放样。
③ 放样过程中，每一步均须检核，未经检核不得进行下一步工作。
④ 在实际工程放线工作中，各点线均应编号，杜绝差错。

曲线型建筑物施工测量

班级：　　　姓名：　　　学号：　　　日期：　　　组长：　　　天气：

1. 设计椭圆 $\dfrac{x^2}{a^2} + \dfrac{y^2}{b^2} = 1$（其中 $a=3$，$b=2$）

2. 计算数据（表4-8-1）

表4-8-1　弧分点坐标计算表

弧分点	1	2	3	4	5	6
y/m	0					
x/m						0

注意：1. a 和 b 的数值自己定，但是不能太大！取个位数值。

　　　　2. 计算坐标点至少16个，可以多计算几个，但是点一定要分布均匀。

3. 放样略图

4. 测设精度（与标准值误差。表4-8-2）

表4-8-2　椭圆测设精度检查表

距离1/mm	距离2/mm	角度1/(″)	角度2/(″)

【任务评价】

任务评价主要从表4-8-3的指标进行评价。

表4-8-3 《曲线型建筑物施工测量》工作任务评价表

班级： 姓名： 学号：

序号	评价指标	分值/分	评定等级			得分/分
			A(权重1.0)	B(权重0.8)	C(权重0.6)	
1	工作任务计划是否合理	10				
2	测设数据计算是否完整	10				
3	仪器的操作是否规范	10				
4	测设的方法是否规范	10				
5	操作中读数是否规范	10				
6	记录是否符合规范要求	10				
7	测设成果精度是否符合要求	10				
8	小组工作任务是否按时完成	10				
9	小组协作能力及解决问题的能力	10				
10	爱惜仪器、工具的程度	10				
	综合成绩					

评价等级具体要求：

A级：工作任务计划制订合理；测设数据计算完整，无缺项；仪器的操作规范；测设的方法规范；操作中读数正确；记录符合规范要求，无修改涂抹现象；测设成果精度符合要求；工作任务按时完成；小组能互相协作并及时解决工作中的问题；在操作中爱惜仪器、工具，未发生损坏现象。

B级：工作任务计划制订较为合理；测设数据计算完整，小数保留不规范；仪器的操作比较规范，无明显错误；测设的方法基本符合规范要求；操作中读数基本正确；记录符合规范要求，有修改现象；测设成果精度基本符合要求；工作任务按时完成；小组能互相协作并在教师指导下解决问题；在操作中未发生仪器、工具的损坏现象。

C级：工作任务计划制订不太合理，分工不明确；测设数据计算有缺项；对仪器的操作不太熟悉；测设的方法未按规范执行；操作中读数不符合规范要求；记录不符合规范要求，有涂抹现象；测设成果精度未达规范要求；工作任务未按时完成；小组之间未互相协作；在操作中发生仪器、工具的损坏现象。

工作任务4-9　精密施工测量

●【任务须知】

一、目的与要求

① 了解智能机器人和RTK系统构造及原理。
② 掌握智能机器人的放线方法。
③ 了解RTK的操作过程。

二、计划与仪器工具

① 实训时数安排为1学时。
② 本次任务为问题类任务，需自备签字笔。

三、工作任务与步骤

认真思考并回答问题。

四、注意事项

① 书写要认真，字迹要清楚。
② 不能有缺项。

精密施工测量

班级： 　　姓名： 　　学号： 　　日期： 　　组长： 　　天气：

1. 智能机器人的特点

2. 智能机器人的点放样过程

3. 解释 RTK

4. RTK 系统的特点

【任务评价】

任务评价主要从表4-9-1的指标进行评价。

表4-9-1 《精密施工测量》工作任务评价表

班级：　　　　　　　　　　姓名：　　　　　　　　　　学号：

序号	评价指标	分值/分	评定等级			得分/分
			A(权重1.0)	B(权重0.8)	C(权重0.6)	
1	智能机器人的特点	25				
2	智能机器人的点放样过程	25				
3	解释RTK	25				
4	RTK系统的特点	25				
	综合成绩					

评价等级具体要求：

A级：评细、全面。

B级：比较简洁。

C级：回答不正确。

工作任务 5-1　建筑物沉降观测

💬【任务须知】

一、目的与要求

① 掌握水准基点和沉降观测点的布设；
② 掌握建筑物沉降观测的方法、周期、频率；
③ 会进行建筑物的沉降计算。

二、计划与仪器工具

① 实训时数安排为1学时。每一实训小组由4~6人组成。
② 水准仪1台，水准尺1把，记录板1块，铅笔1支。

三、工作任务与步骤

1. 工作任务
在校园内或施工现场选择埋设沉降观测点的建筑物，对其进行建筑物的沉降观测。
2. 实施步骤
（1）沉降观测点布设　包含水准基点布设、沉降观测点布设、将水准基点和沉降观测点组成闭合路线。
（2）沉降观测
观测周期：确定观测时间和次数，每周观测一次，总观测次数为三次。
观测方法：按闭合水准路线进行观测。
观测精度：按二等水准测量的方法和要求进行观测。
（3）沉降观测的成果整理　整理原始记录、计算沉降量（本次沉降量、累积沉降量，绘制沉降曲线）。

四、注意事项

① 在观测过程中，一定要坚持三固定原则。
② 在观测高差过程中，观测值误差不应超过±1mm。
③ 在观测过程中，一定要坚持测量的基本原则。

建筑物沉降观测相关的记录和计算表格见表5-1-1、表5-1-2、表5-1-3。

建筑物沉降观测

班级：　　　小组：　　　日期：　　　组长：　　　成员：　　　天气：

表5-1-1 高差测量记录手簿（高差法）

测段编号	测点	后视读数/m	前视读数/m	高差/m	平均高差/m	观测者	扶尺人
1	2	3	4	5	6	7	8

表5-1-2 闭合水准测量成果计算表

测段编号	测点	测站数/个	实测高差/m	高差改正数/m	改正后高差/m	高程/m	备注
1	2	3	4	5	6	7	8
Σ							

表5-1-3　沉降观测记录表

观测次数	观测时间	各观测点的沉降情况																					施工进展情况	荷载情况/(t/m²)
		1			2			3			4			5			6			7				
		高程/m	本次下沉/mm	累积下沉/mm	高程/m	本次下沉/mm	累积下沉/mm	高程/m	本次下沉/mm	累积下沉/mm	高程/m	本次下沉/mm	累积下沉/mm	高程/m	本次下沉/mm	累积下沉/mm	高程/m	本次下沉/mm	累积下沉/mm	高程/m	本次下沉/mm	累积下沉/mm		

观测次数	观测时间	各观测点的沉降情况																					施工进展情况	荷载情况/(t/m²)
		8			9			10			11			12			13			14				
		高程/m	本次下沉/mm	累积下沉/mm	高程/m	本次下沉/mm	累积下沉/mm	高程/m	本次下沉/mm	累积下沉/mm	高程/m	本次下沉/mm	累积下沉/mm	高程/m	本次下沉/mm	累积下沉/mm	高程/m	本次下沉/mm	累积下沉/mm	高程/m	本次下沉/mm	累积下沉/mm		

【任务评价】

任务评价主要从表5-1-4的指标进行评价。

表5-1-4 《建筑物沉降观测》工作任务评价表

班级：　　　　　　　　姓名：　　　　　　　　学号：

序号	评价指标	分值/分	评定等级			得分/分
			A（权重1.0）	B（权重0.8）	C（权重0.6）	
1	工作任务计划是否合理	10				
2	外业观测是否规范	10				
3	仪器操作是否规范	10				
4	高差测量精度是否符合要求	10				
5	记录是否符合规范要求	10				
6	高程及沉降量计算是否规范	10				
7	测设成果精度是否符合要求	10				
8	小组工作任务是否按时完成	10				
9	小组协作能力及解决问题的能力	10				
10	爱惜仪器、工具的程度	10				
	综合成绩					

评价等级具体要求：

A级：工作任务计划制订合理；外业观测规范；仪器的操作规范；高差测量过程符合规范要求；记录符合规范要求，无修改涂抹现象；测设成果精度符合要求；工作任务按时完成；小组能互相协作并及时解决工作中的问题；在操作中爱惜仪器、工具，未发生损坏现象。

B级：工作任务计划制订基本合理；外业观测能按闭合水准路线进行测量；仪器的操作规范；高差测量过程符合规范要求；仪器的操作比较规范，无明显错误；测设的方法基本符合规范要求；操作中读数基本正确；记录符合规范要求，有修改现象；测设成果精度基本符合要求；工作任务按时完成；小组能互相协作并在教师指导下解决问题；在操作中未发生仪器、工具的损坏现象。

C级：工作任务计划制订基本合理；外业观测能按闭合水准路线进行测量；仪器的操作不太规范；高差测量过程不太符合规范要求；对仪器的操作不太熟悉；测设的方法未按规范执行；操作中读数不符合规范要求；记录不符合规范要求，有涂抹现象；测设成果精度未达规范要求；工作任务未按时完成；小组之间未互相协作；在操作中发生仪器、工具的损坏现象。

工作任务 5-2　建筑物倾斜观测

一、目的与要求

① 掌握建筑物倾斜观测的方法。
② 会进行建筑物的倾斜计算。

二、计划与仪器工具

① 实训时数安排为1学时。每一实训小组由4~6人组成。
② 经纬仪（全站仪）1台，木桩、小铁钉、油漆、线绳等适量，锤子1把，钢尺1把，记录板1块，铅笔1支。

三、工作任务与步骤

1. 工作任务

在校园内对建筑物进行倾斜观测。已知建筑物高度H=65m（可根据实际情况测量），根据测设数据，对该建筑物的倾斜程度给出结论。

2. 实施步骤

在进行倾斜观测之前，首先要在待观测的建筑物上设置上、下两点或上、中、下三点标志，作为观测点，各点应位于同一垂直视准面内。

观测时，经纬仪的位置到建筑物距离应大于建筑物的高度，如图 5-2-1 所示，瞄准上部观测点M，用正倒镜法向下投点得N'，如N'与N点不重合，则说明建筑物发生倾斜。

用钢尺量取a，则建筑物的倾斜度为$i=\tan\alpha=a/H$。

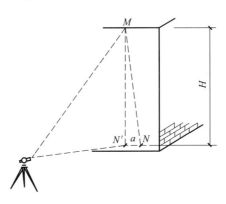

图5-2-1　倾斜观测

四、注意事项

① 在观测前，先检校仪器。
② 在观测过程中，注意气泡一定要居中。

建筑物倾斜观测

班级：　　　小组：　　　日期：　　　组长：　　　成员：　　　天气：

1. 测量过程描述

2. 测量数据记录及计算

建筑物高度 $H=$

偏差值 $a=$

$i=\tan\alpha=a/H=$

任务评价主要从表5-2-1的指标进行评价。

表5-2-1 《建筑物倾斜观测》工作任务评价表

班级： 姓名： 学号：

序号	评价指标	分值/分	评定等级			得分/分
			A(权重1.0)	B(权重0.8)	C(权重0.6)	
1	工作任务计划是否合理	10				
2	仪器操作是否规范	10				
3	钢尺量距是否规范	10				
4	观测点设置是否符合规范	10				
5	仪器安置点距离是否符合要求	10				
6	记录是否符合规范要求	10				
7	测设成果精度是否符合要求	10				
8	小组工作任务是否按时完成	10				
9	小组协作能力及解决问题的能力	10				
10	爱惜仪器、工具的程度	10				
	综合成绩					

评价等级具体要求：

A级：工作任务计划制订合理；仪器的操作规范；钢尺量距符合规范要求；记录符合规范要求，无修改涂抹现象；观测点设置合理；测设成果精度符合要求；工作任务按时完成；小组能互相协作并及时解决工作中的问题；在操作中爱惜仪器、工具，未发生损坏现象。

B级：工作任务计划制订基本合理；仪器的操作规范；钢尺量距符合规范要求；记录符合规范要求，无修改涂抹现象；观测点设置合理；记录符合规范要求，有修改现象；测设成果精度基本符合要求；工作任务按时完成；小组能互相协作并在教师指导下解决问题；在操作中未发生仪器、工具的损坏现象。

C级：工作任务计划制订基本合理；钢尺量距符合规范要求；记录符合规范要求，无修改涂抹现象；观测点设置不合理；对仪器的操作不太熟悉；测设的方法未按规范执行；操作中读数不符合规范要求；记录不符合规范要求，有涂抹现象；测设成果精度未达规范要求；工作任务未按时完成；小组之间未互相协作；在操作中发生仪器、工具的损坏现象。

工作任务5-3　建筑物裂缝观测

一、目的与要求

① 掌握建筑物裂缝观测的方法。
② 会进行建筑物的裂缝观测。

二、计划与仪器工具

① 实训时数安排为1学时。每一实训小组由4~6人组成。
② 白铁皮2块（1大1小），红色油漆适量，钢尺或盒尺1把，记录板1块，铅笔1支。

三、工作任务与步骤

1. 工作任务
在墙体开裂处进行裂缝观测。观察裂缝的走向、长度及深度的变化情况。

2. 实施步骤
在裂缝两侧固定白铁皮，两块白铁皮的边缘应平行。
在两块白铁皮露在外面的表面上涂上红色油漆，并写上编号和日期。
随着裂缝的发展，白铁皮将逐渐拉开，用尺子直接丈量，并量取裂缝的深度。

四、注意事项

① 两块铁皮边缘应彼此平行。
② 观测周期视裂缝的发展而定。

建筑物裂缝观测

班级：　　　小组：　　　日期：　　　组长：　　　成员：　　　天气：

1. 裂缝位置分布图

2. 裂缝观测成果（表5-3-1）

表5-3-1　裂缝观测成果

序号	1号白铁皮尺寸及位置	2号白铁皮尺寸及位置	裂缝长度/mm	裂缝深度/mm

3. 裂缝变化曲线图

任务评价主要从表5-3-2的指标进行评价。

表5-3-2 《建筑物裂缝观测》工作任务评价表

班级： 姓名： 学号：

序号	评价指标	分值/分	评定等级			得分/分
			A(权重1.0)	B(权重0.8)	C(权重0.6)	
1	工作任务计划是否合理	10				
2	外业观测是否规范	10				
3	铁皮固定的位置是否合理	10				
4	铁皮是否编号	10				
5	量取距离是否规范	10				
6	记录是否符合规范要求	10				
7	测设成果精度是否符合要求	10				
8	小组工作任务是否按时完成	10				
9	小组协作能力及解决问题的能力	10				
10	爱惜仪器、工具的程度	10				
	综合成绩					

评价等级具体要求：

A级：工作任务计划制订合理；外业观测规范；铁皮固定的位置合理；铁皮编号合理；量取距离规范；工作任务按时完成；小组能互相协作并及时解决工作中的问题；在操作中爱惜仪器、工具，未发生损坏现象。

B级：工作任务计划制订基本合理；外业观测规范，铁皮固定的位置基本合理；对铁皮进行了编号；量取距离比较规范；记录符合规范要求，有修改现象；测设成果精度基本符合要求；工作任务按时完成；小组能互相协作并在教师指导下解决问题；在操作中未发生仪器、工具的损坏现象。

C级：工作任务计划制订不合理；外业观测不规范，铁皮固定的位置不合理；未对铁皮进行编号；量取距离基本规范；记录不符合规范要求，有涂抹现象；测设成果精度未达规范要求；工作任务未按时完成；小组之间未互相协作；在操作中发生仪器、工具的损坏现象。

课堂
笔记

工作任务5-4　建筑物位移观测

【任务须知】

一、目的与要求

① 掌握已知水平角和水平距离的测设方法。
② 掌握用极坐标法测设点的平面位置的方法。

二、计划与仪器工具

① 实训时数安排为1学时。每一实训小组由4~6人组成。
② 电子经纬仪（全站仪）1台，30m钢尺1把，40mm×40mm×300mm木桩4~5根，锤子1把，花杆1根，测钎2~3根，小钢卷尺1把，记录板1块，铅笔1支。

三、工作任务与步骤

1. 工作任务
在校园内或施工现场选择一建筑物进行水平位移观测工作。

2. 实施步骤
在建筑物上设置观测点M，在地面上设置A、B、C三个控制点，如图5-4-1所示。四个点应在一条直线上。

将经纬仪安置在A点，瞄准B点，倒转望远镜，瞄准建筑物，定出一点M′，量取MM′的长度即可得到水平位移值。

或分两次测量∠BAM，可得Δβ=β₂-β₁，则建筑物水平位移为 $\delta = \dfrac{\Delta\beta \times AM}{\rho}$。

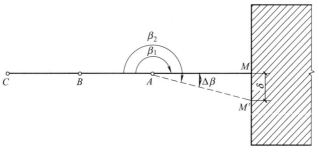

图5-4-1　位移观测

四、注意事项

① 建筑物上的观测点标志要牢固、明显。
② 控制点与观测点一定在一条直线上。

建筑物位移观测

班级：　　　小组：　　　日期：　　　组长：　　　成员：　　　天气：

1. 测量示意图

2. 测量过程记录（表5-4-1）

表5-4-1　角度测量记录

序号	角度值/(° ′ ″)	角度偏差/(″)	位移值/mm	备注

水平距离 $D=$

任务评价主要从表5-4-2的指标进行评价。

表5-4-2 《建筑物位移观测》工作任务评价表

班级： 姓名： 学号：

序号	评价指标	分值/分	评定等级			得分/分
			A(权重1.0)	B(权重0.8)	C(权重0.6)	
1	工作任务计划是否合理	10				
2	经纬仪的操作是否规范	10				
3	角度测量是否规范	10				
4	距离测量是否规范	10				
5	操作中读数是否规范	10				
6	记录是否符合规范要求	10				
7	测设成果精度是否符合要求	10				
8	小组工作任务是否按时完成	10				
9	小组协作能力及解决问题的能力	10				
10	爱惜仪器、工具的程度	10				
	综合成绩					

评价等级具体要求：

A级：工作任务计划制订合理；经纬仪的操作规范；角度测量过程规范；距离测量过程规范；操作中读数正确；记录符合规范要求，无修改涂抹现象；测设成果精度符合要求；工作任务按时完成；小组能互相协作并及时解决工作中的问题；在操作中爱惜仪器、工具，未发生损坏现象。

B级：工作任务计划制订较为合理；经纬仪的操作比较规范；角度测量过程比较规范；距离测量过程比较规范；操作中读数基本正确；记录符合规范要求，有修改现象；测设成果精度基本符合要求；工作任务按时完成；小组能互相协作并在教师指导下解决问题；在操作中未发生仪器、工具的损坏现象。

C级：工作任务计划制订不太合理，分工不明确；经纬仪的操作基本规范；角度测量过程不太规范；距离测量过程不太规范；操作中读数不符合规范要求；记录不符合规范要求，有涂抹现象；测设成果精度未达规范要求；工作任务未按时完成；小组之间未互相协作；在操作中发生仪器、工具的损坏现象。

工作任务 5-5　建筑物的竣工测量与3D扫描

●●【任务须知】

一、目的与要求

① 掌握3D扫描仪的基本使用方法。
② 能够将扫描出的图进行拼接。

二、计划与仪器工具

① 实训时数安排为1学时。每一实训小组由4~6人组成。
② 3D扫描仪1台，记录板1块，铅笔1支、电脑及软件。

三、工作任务与步骤

1. 工作任务

在校园内选择一建筑物，用3D扫描仪扫描一层，然后将扫描完的建筑物在电脑中转化成三维图。

2. 实施步骤

① 安装激光扫描仪。
② 插入SD卡。
③ 打开激光扫描仪。
④ 创建新工程。
⑤ 设置扫描参数。
⑥ 开始扫描。
⑦ 扫描完成后，在电脑中将扫描成的三维图进行合成。

四、注意事项

① 扫描过程中，不能任意移动扫描仪。
② 点与点的选择一定要合理。

建筑物 3D 扫描

班级：　　　　小组：　　　　日期：　　　　组长：　　　　成员：　　　　天气：

1. 建筑物扫描点的设置

2. 扫描示意图

【任务评价】

任务评价主要从表5-5-1的指标进行评价。

表5-5-1 《建筑物3D扫描》工作任务评价表

班级：　　　　　　　　　　姓名：　　　　　　　　　　学号：

序号	评价指标	分值/分	评定等级			得分/分
			A(权重1.0)	B(权重0.8)	C(权重0.6)	
1	工作任务计划是否合理	10				
2	3D扫描仪的操作是否规范	10				
3	点位的选择是否合理	10				
4	电脑软件的应用是否熟练	10				
5	扫描点与点之间是否能连接	10				
6	记录是否符合规范要求	10				
7	测设成果精度是否符合要求	10				
8	小组工作任务是否按时完成	10				
9	小组协作能力及解决问题的能力	10				
10	爱惜仪器、工具的程度	10				
	综合成绩					

评价等级具体要求：

A级：工作任务计划制订合理；3D扫描仪的操作规范；能熟练操作电脑软件；点与点之间设置合理；测设成果精度符合要求；工作任务按时完成；小组能互相协作并及时解决工作中的问题；在操作中爱惜仪器、工具，未发生损坏现象。

B级：工作任务计划制订较为合理；3D扫描仪的操作规范；基本能操作电脑软件；点与点之间设置合理；测设成果精度基本符合要求；工作任务按时完成；小组能互相协作并在教师指导下解决问题；在操作中未发生仪器、工具的损坏现象。

C级：工作任务计划制订不太合理，分工不明确；3D扫描仪的操作基本规范；在教师指导下能操作电脑软件；点与点之间设置基本合理；测设成果精度未达规范要求；工作任务未按时完成；小组之间未互相协作；在操作中发生仪器、工具的损坏现象。

课堂
笔记